新能源营运车辆产业与技术动态

交通运输部专家委员会专题调研组
交通运输部公路科学研究院 编
国家智能交通系统工程技术研究中心

人民交通出版社股份有限公司
China Communications Press Co.,Ltd.

内 容 提 要

本书由“新能源营运车辆产业与技术动态调研报告”和“新能源营运车辆产业与技术动态专家座谈会材料汇编”两部分构成。第一部分按照新能源营运车辆产业链构成及其在道路运输行业各细分业务领域的应用情况,分类总结了“新能源营运车辆产业与技术动态”实地调研的主要成果。第二部分按照“新能源营运车辆产业与技术动态”专家座谈会的安排,汇编了全体大会以及公交客运、出租与分时租赁、基础设施、公路客运、城市物流五个分会的专家发言材料。

本书可供广大读者了解我国新能源营运车辆产业发展现状和趋势,也可供专业人士客观认识和评价新能源营运车辆技术、产品及其运营组织模式,同时本书也为相关部门研究制定新能源营运车辆产业发展与应用推广相关政策法规、技术标准和战略规划提供了有价值的借鉴和参考。

图书在版编目(CIP)数据

新能源营运车辆产业与技术动态 / 交通运输部专家委员会专题调研组,交通运输部公路科学研究院,国家智能交通系统工程技术研究中心编. —北京:人民交通出版社股份有限公司,2016.12

ISBN 978-7-114-13497-5

Ⅰ.①新… Ⅱ.①交… ②交… ③国… Ⅲ.①新能源—营运汽车—研究 Ⅳ.①U469.7

中国版本图书馆 CIP 数据核字(2016)第 291343 号

Xinnengyuan Yingyun Cheliang Chanye yu Jishu Dongtai

书　　名: 新能源营运车辆产业与技术动态
著 作 者: 交通运输部专家委员会专题调研组　交通运输部公路科学研究院
国家智能交通系统工程技术研究中心
责任编辑: 刘　博
出版发行: 人民交通出版社股份有限公司
地　　址: (100011)北京市朝阳区安定门外外馆斜街 3 号
网　　址: http://www.ccpress.com.cn
销售电话: (010)59757973
总 经 销: 人民交通出版社股份有限公司发行部
经　　销: 各地新华书店
印　　刷: 北京鑫正大印刷有限公司
开　　本: 787×1092　1/16
印　　张: 11.75
字　　数: 215 千
版　　次: 2016 年 12 月　第 1 版
印　　次: 2016 年 12 月　第 1 次印刷
书　　号: ISBN 978-7-114-13497-5
定　　价: 28.00 元

编　写　组

编 写 单 位：交通运输部专家委员会专题调研组
交通运输部公路科学研究院
国家智能交通系统工程技术研究中心

编写组成员：王笑京　李　斌　刘文峰　张永伟
张国光　胡剑平　武　斌　巨荣云
余　坤　毛　锐　喻　洁　王　浩
张红卫　张玉奎　张　沫　车晓琳
赵　琳　王雪然　董晓云

在“新能源营运车辆产业与技术动态”专家座谈会上的致辞

（代序）

推进新能源汽车产业的发展，是党中央国务院做出的重大战略部署，国家已将公共服务领域作为新能源汽车推广应用的重要突破口，交通运输部对此一直高度重视。2015年，交通运输部会同财政部、工业和信息化部，先后出台了《交通运输部关于加快推进新能源汽车在交通运输行业推广应用的实施意见》《关于完善城市公交车成品油价格补助政策　加快新能源汽车推广应用的通知》以及《新能源公交车推广应用考核办法（试行）》这三项有关交通运输行业应用推广新能源汽车的重要文件，并明确提出：到2020年，新能源城市公交车将达到20万辆，新能源出租汽车和城市物流配送车辆共达到10万辆。

截至2015年年底，全国新能源城市公交车推广数量达到8.6万辆，推广范围扩大到全国27个省（自治区、直辖市），推广城市超过110个，覆盖公交企业达300余家；新能源出租汽车已超过6000辆；而新能源物流配送、分时租赁和旅游客运等业务也逐步在多地示范运营。

面对新能源汽车这一全新的交通工具，以及随之而来的新能源营运车辆应用规模扩大和产业化进程的加快，交通运输行业应该更加全面、客观、审慎地认识并把握其应用现状和发展态势，在市场准入、配套服务设施体系建设、营运监管、人员培训、财政扶持等相关环节制定并落实相关的产业政策，尤其是出台符合实际、客观公允的政策措施及标准体系，更好地推动这一产业健康可持续发展，这些工作都非常有挑战性。

在2016年年初，交通运输部专家委员会即将“新能源营运车辆产业与技术动态”列为当年的重点专题调研项目，并交由交通运输部公路科学研究院牵头组织实施，计划2016年9月完成相关的调研任务，向部党组提交最终的调研报告和相关的政策建议。“新能源营运车辆产业与技术动态”座谈会是专题调研工作中的重要组成部分，调研组邀请了来自交通运输行业、新能源营运车辆产业、新能源汽车促进机构以及金融机构等近百位专家代表，对新能源营运车辆产业发展和行业应用的现状、经验、问题以及相关的意见和建议进行交流。在此我代表交通运输部专家委员会，向各位代表和专家的积极参与及支持表示热烈的欢迎和衷心的感谢！

2016年7月初，交通运输部派员参加了马凯副总理在西安组织召开的新能源汽车产业发展座谈会，会后参会的同志向部党组提交了有关的情况报告，时任部长杨传堂同志和刘小明副部长先后对此报告做了重要批示，明确提出：一是要抓好新能源汽车在公交、出租汽车行业的推广应用；二是积极探索新能源车辆在城市物流配送、邮政快递中的示范推广；三是高度重视新能源汽车的安全问题，确保应用安全，同时还要重视新能源车辆应用基础设施的配套建设。

此次专家座谈会为我们提供了一个良好的交流与建言平台，我热切地期望聆听各位专家代表的真知灼见和务实意见，并就有关的问题展开深入的讨论。同时，请调研组的同志认真做好会议记录，会后将大家的发言材料加以整理，对相关的重点问题予以梳理，作为专项调研工作最终成果的一个组成部分，并提交给部专家委员会。

参加本次会议的人员非常广泛，除了像国务院发展研究中心等政策研究部门以外，更多的是来自一线的产业应用和管理部门的同志，代表总数有一百多人，这么大规模的调研座谈会是不多见的，这充分反映了交通运输业界对新能源营运车辆的关注程度。同时，说明新能源营运车辆的应用前景比较好，才会引起这么多的重视，当然也肯定存在着不少需要解决的问题。

新能源汽车在交通运输行业运营推广的过程中到底有什么优势？存在着什么障碍？尤其是在应用过程中，需要政府予以什么样的支持？大家应该有最切身的感受。解决好这些问题是政府管理部门的职责，但能不能把握这些问题，有待于我们具体的应用部门、产业部门还有其他相关部门予以大力支持和共同努力。我们希望通过此次交流，能够把大家诉求和真实存在的问题以及需要解决的突出矛盾反映上来，以便部制定相关政策的时候更有针对性，能够做到精确施策，更好地促进新能源营运车辆应用发展。

调研组下一阶段即将开展实地调研工作。在此，请各位专家、各位代表继续予以大力支持。

推进新能源营运车辆产业与应用的良好发展，是一项艰巨而且意义重大的工作，是交通运输行业转型升级的重要途径，是我们建设绿色交通，走可持续发展道路的重要抓手，也是我们践行社会责任的重要体现。让我们一同携手，为这一领域的科学发展贡献出自己的力量。

交通运输部总工程师：周玮

2016年12月

前言

推进新能源汽车产业的发展，是党中央国务院做出的重大战略部署，国家已将公共服务领域作为新能源汽车推广应用的重要突破口。近年来，在一系列扶持政策的推动下，新能源营运车辆得到迅速推广。从“十城千辆节能与新能源汽车示范推广应用工程”启动至今，新能源汽车应用推广迈入第8个年头，新能源营运车辆产业已初具规模，围绕新能源营运车辆的配套产业链布局正在逐步完善。

在这一背景下，交通运输部专家委员会于2016年年初设立了年度调研专题——新能源营运车辆产业与技术动态，旨在通过对新能源汽车产业、交通运输行业主管部门及对代表性从业企业的实地走访和座谈交流，从大方向上思考并回答新能源营运车辆未来的发展前景与可行性，明确交通运输行业主管部门在推动新能源营运车辆发展进程中需秉承的态度、原则和作用，并就如何进行科学务实的监管与扶持，提出科学合理的政策建议，为交通运输行业更加科学、有效地规模化应用推广新能源营运车辆提供技术政策支撑和依据。该项专题调研工作由交通运输部公路科学研究院牵头承担。

本项专题调研工作先后对全国8个省份共36家相关单位开展了实地调研与交流，兼顾了不同地域(沿海与内陆、北方与南方)和不同经济发展水平(一、二、三线城市)；覆盖了交通运输行业电动化的主要领域，包括城市公交，出租汽车，物流配送，分时租赁以及城际、城乡和旅游客运；关注了新能源营运车辆整车及动力电池、燃料电池生产制造，新能源营运车辆充换电和制加氢服务设施与服务流程以及新能源汽车运行状态监控系统功能与运营模式；并先后与相关管理、研发、制造、检测、运营、驾乘、维护与金融等不同环节的专业人士，围绕新能源营运车辆市场准入与监管、购置与运营成本、技术性能水平、营运调度技术、产品安全质量、货币与非货币扶持政策等热点问题，进行了面对面的交流与探讨。

本项专题调研工作期间，举办了“新能源营运车辆产业与技术动态”专家座谈会。座谈会共邀请了来自交通运输行业、新能源汽车产业、新能源汽车促进机构以及金融机构共75家单位的130余位专家、领导与会，分别按照“新能源城市公交车辆运营补贴政策执行效果及问题”、“出租与分时租赁电动化发展之路”、“交通运输行业充电基础设施规划与建设”、“新能源公路客运发展契机”以及“新能源物流发展现状与政策需求”五个专题开展讨论，共有20余位代表先后做

前言

了主题性发言，并与其他与会代表就新能源营运车辆产业发展及行业应用的现状、经验与问题进行了充分的讨论。

这是一次客观、务实、面向新能源营运车辆产业可持续发展的跨行业、跨部门、跨领域专题研讨，是2016年交通运输行业与新能源汽车产业界的一次全方位的思想碰撞。衷心感谢所有参与本项专题调研工作的各界同仁对我们工作的充分信任、大力支持和无私分享！

需要特别说明的是，为尽量让读者及时看到这些成果，推动交通运输行业与新能源汽车产业间更深入的相互了解与合作，更加科学、高效地推进新能源营运车辆产业发展与应用推广，加速我国道路运输领域电动化进程，促进相关产业创新发展与融合，专题调研工作组根据实地调研期间收集到的相关资料以及专家座谈会上各位与会嘉宾的发言材料和演讲讨论录音，整理形成本书。我们秉承"尽量保持发言内容原貌"的原则，仅对各位嘉宾发言内容的文字表述稍加编辑整理，未进行倾向性修订，未经发言人逐一审阅。由于时间仓促，书中可能还有疏漏不足之处，敬请各位专家、读者批评指正。

最后，感谢参与本项专题调研工作的各界同仁为我们分享的宝贵观点和思考，对人民交通出版社股份有限公司为本书出版提供的大量帮助，以及对中国道路运输协会城市客运分会、中国公路学会高速公路服务区工作委员会、国家电网公司和中国电动汽车百人会等单位一直以来的大力支持，表示诚挚的谢意！

编　者
2016年11月

目录

第一部分　新能源营运车辆产业与技术动态调研报告

第二部分　新能源营运车辆产业与技术动态专家座谈会材料汇编

目录

出租与分时租赁分会

基础设施分会

公路客运分会

城市物流分会

第一部分

新能源营运车辆产业与技术动态调研报告

第一篇　产业篇

一、新能源营运车辆

1. 新能源营运车辆整体技术发展水平

新能源汽车产业在龙头企业的创新牵引和国家专项科技助推下，技术水平不断进步，现已在交通运输行业各个领域得到应用，但目前各领域内新能源营运车辆技术发展水平不一。

新能源客车和乘用车的技术发展水平不断提升，现已具备集整车、动力系统总成及关键零部件于一体的研发、制造和检测试验能力，形成完整的产业技术链条，车辆的续驶里程、动力性能、能耗水平、可靠性与安全性等重要指标也在不断优化升级。新能源客车已拥有从5~2.5米车长的全谱系车型，针对城市公交、公路客运、旅游客运等各细分市场，且已拥有底盘车架电泳、车身电泳、机器人喷涂等国际先进技术和工艺水平的新能源客车电泳涂装生产线。新能源乘用车已初步拥有动力总成、汽车电子、模具研发、整车设计与制造以及汽车检测等全链条自主技术和产业化能力，已具备较为强大的从零部件到整车的产业垂直整合能力。

新能源物流车辆的生产制造尚处于起步阶段，自上而下的产业链条尚未形成，车辆的续驶里程、动力性能、能耗水平、承载能力和可靠性等重要技术性能指标尚难以满足客户的实际需求，产业成熟度较低，尚未达到可大规模市场化推广应用的水平。

新能源分时租赁车辆目前主要采用新能源乘用车通用车型，而新能源私人汽车使用习惯和出行特征与分时租赁领域的营运车辆运营习惯和投资收益需求相距甚远。目前，市场上缺乏专门为分时租赁这一细分营运市场研发的适用车型，在一定程度上抑制了这一市场快速、健康的发展。

此外，新能源营运车辆的核心零部件正在逐步走上标准化、模块化的发展道路，核心零部件的维护也在向模块化替换方式转变。这将极大地简化新能源营运车辆整车产品结构，提升产品可靠性，降低维护的复杂度，提高维修效率，进而提升产品的使用效率。然而，目前成规模的新能源营运车辆整车及关键零部件的维护体系尚未建立，规范化、标准化的售后维护体系的完善将是推动新能源营运车辆产业稳定发展、客户体验不断提升的重要保障。

2. 纯电动客车技术发展水平

(1)电池技术的升级提升了纯电动公交车的续驶里程。

随着我国新能源营运车辆推广应用政策的逐步完善，对新能源营运客车的续驶里程与有效载荷提出了更加科学合理的要求，加之新能源营运车辆整车及关键零部件，特别是动力电池技术性能的不断提升,使得纯电动客车续驶里程得到显著提升。根据对2016 年 6 月工业和信息化部公布的第八批免征车辆购置税的新能源汽车中 186 款纯电动客车续驶里程统计结果显示,目前纯电动客车续驶里程多集中在 250 ~ 300 公里之间,车型占比达 60% 以上,如图 1 所示。

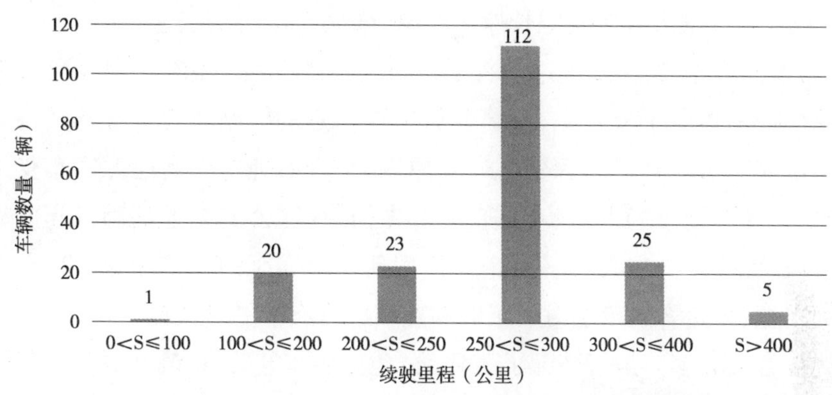

图 1　纯电动客车(186 款)续驶里程分布情况

根据 2015 年城市客运统计数据显示,我国城市公交单车日均运营里程为 173 公里,目前的纯电动车型基本可以满足城市公交行业的日常运营需求;同时,对于中短途的城乡客运、定制班车、旅游客运而言,在纯电动客车技术水平、充电方式和组织模式不断优化创新的条件下,其应用市场的启动开发已成为可能。

(2)快速充电技术提升了纯电动公交车的运营效率。

对于客车的使用而言,无论是城市公交还是公路客运,其每天的运营时间都是十分宝贵的。慢速充电纯电动客车选择装载大容量动力电池组,除了在夜间非运营时间集中充电之外,还需要在白天运营时间内进行较长时间的补电,而受电池衰减和外界天气影响,补电对车辆正常运营时间的占用影响会愈发凸显。

而采用快速充电(以下简称快充)技术的新能源客车可以实现"短时充满电"的运营效率要求,即充即走。快充车辆对充电设施场地的空间要求也有所降低,在提升充电效率的同时也提升了土地利用率。采用快充技术的新能源城市公交车已在国内得到较为广泛的应用,其中包括重庆纯电动公交车与插电式混合动力公交车的枪充模式、金华纯电动 BRT 线路的集电弓模式以及深圳巴士集团在运营过程中的快速补电模式等,纵观各种快充技术实际使用情况,其对纯电动公交车运营效率和可靠性的提升,效果明显。

(3)浅充浅放的充电使用方式延长了动力电池寿命。

动力电池充电时间对于新能源客车应用具有至关重要的作用,新能源客车车载动力电池的循环使用寿命也是关系车辆使用成本的决定性因素,目前我国新能源客车的动力电池主要采用锂离子电池,锂离子电池的最佳电量区间为 30% ~ 80%,其使用特性更适合于部分放电循环而非深度放电循环,实验测试和公交企业实际运营数据表明:浅充浅放的使用方式是延长新能源客车动力电池组使用寿命的关键之一。目前,这一理念已逐步得到公交行业从业人员的了解和认同。

3. 混合动力客车技术发展水平

(1)增程式混合动力客车是中长途新能源营运车辆的最佳选择。

目前,新能源客车,特别是纯电动客车,在我国城际客运、旅游客运、城乡客运等中长途客运领域的应用规模十分有限,仅部分城市在特定的线路条件下有选择性地开展了少量的新能源客车示范运营与探索。究其原因,一方面纯电动新能源客车受到续驶里程限制,在中长途客运市场上止步不前;另一方面,我国公路充电基础设施网络建设尚处于起步阶段,无法打消中长途客运企业使用新能源客车的充电顾虑;再一方面,相对于城市公交行业,公路客运市场对于车辆购置和运营成本更为敏感。

增程式混合动力客车虽然装配了两套动力模块,即电动机和内燃机,但实际上只有电动机驱动这一套驱动系统,内燃机仅用于为动力电池充电。因此,这一车型对于内燃机排量、最大功率以及峰值转矩等重要技术性能指标的要求远低于传统燃油或燃气客车,只要足够成熟可靠且在最佳转速区能平稳工作即可,这在一定程度上也降低了国内客车企业在这一核心环节的研发门槛。同时,由于增程器的存在,这类新能源客车在实际使用中对于充电基础设施的依赖度较低,在无外接充电的环境下,仍具有较为显著的节能减排效果。

增程式混合动力客车与纯电动客车均只用电力驱动,两者在技术方案上更为相近,相比于纯电动客车,增程式混合动力客车只是多了一套辅助发电的内燃机模块,待我国充电基础设施完善之后,只要把增程式混合动力客车的内燃机模块取消,即可直接变成纯电动客车使用;又可以将这种增程器替换为燃料电池模块,推动新能源客车向燃料电池技术过渡。因此,增程式混合动力客车,更符合下一阶段我国新能源汽车发展的大方向。

(2)插电式混合动力客车适用性强但减排效果受充电设施影响显著。

插电式混合动力客车采用传统动力和电传动两套系统共同驱动的技术方案,动力电池的搭载数量少于纯电动客车,电池自重负荷和车辆购置成本较纯电动客车有较大降低;同时,插电式混合动力客车对充电基础设施的依赖程度也远低于纯电动客车。在插电式混合动力客车运营中,如果出现电量耗尽且找不到充电设施的情况,依然可以使用燃油或天然气等动力燃料维持车辆运行,并在车辆休息、待客时借助充电设施进行外接充电,进而在动力电池续驶里程范围内,实现纯电驱动,达到减排效果。在现阶段我国充电基础设施服务网络尚不完善且动力电池成本和循环寿命与客运市场需求预期尚存一定差距的情况下,插电式混合动力车型可以成为传统动力车型与纯电动车型之间的一个重要过渡性选择。相对于纯电动车型而言,插电式混合动力车型适用范围更广。

但因为双动力系统的存在和充电基础设施服务网尚不完善的原因,调研中发现插电式混合动力客车在实际运营过程中,不外接充电或很少外接充电现象较普遍。由于此类技术构型客车同时安装两套动力系统,搭载一定数量的动力电池组,其自重和车辆构型复杂程度都超过传统动力客车,若选择不外接充电,将不能取得实际的节能减排效果,甚至百公里燃料消耗量和碳排放量还有可能高于传统动力客车。综上所述,插电式混合动力客车将很有可能成为新能源客车推广应用过程中的一个过渡性产品。

4. 燃料电池客车技术发展水平

(1)燃料电池客车解决了纯电动客车续驶里程限制问题。

燃料电池客车采用质子交换膜燃料电池堆提供行驶所需的动力,所用燃料一般为氢气,由于氢气不是经过燃烧而释放能量,其能量转化效率远远高于传统内燃机动力系统。目前,燃料电池客车动力系统的功率等级约为 80 千瓦,功率密度区间在 1~2 千瓦/升之间,催化剂铂载量约为 0.6 克/千瓦。燃料电池技术是比较理想的面向未来的新能源客车动力演进方向。

目前,燃料电池客车续驶里程已超过 450 公里,完全能够满足我国城市公交和公路客运领域日常运营强度的要求;而燃料电池客车单次加氢时间可以控制在 10 分钟以内,相比于燃油和燃气客车,其运营效率几乎无差异。因此,燃料电池客车在客运市场,特别是公路客运市场,拥有较好的应用前景和适用空间。目前国内典型燃料电池客车的技术性能参数见表 1。

典型燃料电池客车技术性能参数　　表 1

车辆品牌	宇通	福田	飞驰
应用示范城市	郑州	北京	佛山、云浮
车长(米)	12	12	11
续驶里程(公里)	600	500	450
氢瓶(数量×规格)	8×140 升	8×140 升	8×140 升
氢瓶压力(兆帕)	35	35	35
纯电电池容量(千瓦时)	36	36	36
纯电电池类型	磷酸铁锂	磷酸铁锂	锰酸锂

(2)燃料电池客车产品有望实现产业化。

随着产业化进程的推进,氢燃料电池汽车的购置成本将有较大幅度的下降。经测算,若燃料电池客车年产量达到 1000 辆,单车成本可控制在人民币 140 万~150 万元之间,已接近目前同级别纯电动客车的单车成本;若年产量达到 5000 辆,其成本将与同级别纯电动客车基本相当;而若产量能达到当前纯电动客车市场的保有量,其单车成本还将进一步下降。

目前,燃料电池客车尚未形成规模性推广,除了因为燃料电池系统产业化尚未成熟以外,其配套的氢燃料供应基础设施网络尚处于起步阶段也是重要的制约因素。目前,全国仅有北京、上海和郑州三地加氢站建成并投入运营,广东佛山与云浮两地的加氢站正在建设中。在基础设施逐步完善的基础上,氢燃料电池客车的使用成本将大幅降低,使用便捷性将显著提升,产业化进程将明显提速,产品成熟度和成本将逐步达到市场可接受的程度。

(3)燃料电池客车技术发展趋势。

燃料电池客车以氢能作为动力来源,氢能技术的关键在于氢燃料的制取、运输和储存。氢气制备是氢燃料技术大规模商用的基础,目前燃料电池使用的高纯氢成本为 3 ~ 6 元/立方米 ,即发电耗氢成本为 1.7 ~ 3.4 元/千瓦时,与柴油发电耗油成本 2.3 ~ 2.8 元/千瓦时相近,而氢燃料安全、高效存储则是制约氢能大规模商用的瓶颈,如何降低储氢材料费用与提高储氢性能是未来氢气储存领域发展的关键问题。

燃料电池作为氢能转化装置,是氢能终端应用的关键技术,燃料电池的成本和寿命因素制约着氢能技术的商业化进程,这一问题的解决将有赖于电极、质子交换膜和双极板等关键组件的成本降低和性能提升,这些将是燃料电池下一阶段产业化研发的重点。

5. 纯电动出租汽车技术发展水平

(1)纯电动出租汽车续驶里程与出租汽车日常运营需求仍存在差距。

相比于我国出租汽车日均运营里程 315 公里的业务需求,除比亚迪 e6 外,目前大部分纯电动出租汽车的续驶里程都在 200 公里以内,而在受到环境温度、驾驶习惯、道路与交通流状态等实际工况环境因素的影响下,续驶里程最低时不足 100 公里,尚无法较好满足这一市场的实际需求。目前国内典型纯电动出租汽车技术性能参数见表 2。

典型纯电动出租汽车技术性能参数 表 2

车型	e6	EV150/EV200/EU220	逸动
厂家	比亚迪	北汽	长安
储能系统类型	磷酸铁锂	三元锂	磷酸铁锂
电池组容量(千瓦时)	63	26 ~ 37.8	26
续驶里程(公里)	300 ~ 400	150 ~ 200	70 ~ 140
充电时间(小时)	2 ~ 3	快充 1 ~ 2;慢充 6 ~ 8	快充 1;慢充 6
售价(万元)	30.98 ~ 36.98	20.89 ~ 24.69	27.77

我国纯电动出租汽车在技术水平上尚受到动力电池材料能量密度和充放电性能以及电动机电控技术发展水平的制约,在满足日常业务所需的续驶里程目标下则需不断增加电

池组容量，导致整备质量与整车成本居高不下，而且其日间补电对出租汽车日常运营时间的影响较大，特别是慢充车辆充电时间在6～8小时，严重影响出租汽车运营效率。因此，相比于传统燃油或燃气出租汽车，纯电动出租汽车依然存在较为明显的推广应用劣势。

（2）以短时补电弥补纯电动出租汽车的运营效率问题。

将快充技术应用于纯电动出租汽车，能够有效缓解续驶里程短和充电时间长这两项突出问题的困扰。尽管仍需要占用出租汽车正常的运营时间，但相比于慢充车辆对充电时间的需求，快充短时补电模式与出租汽车实际运营习惯更为契合。目前，采用快充技术的纯电动出租汽车补电时间通常在1～2小时，驾驶员可以利用休息时间和候客时间进行快速补电，深圳和北京等地的新能源出租汽车运营企业都对白天快速补电技术和相匹配的运营调度模式进行了积极的探索，取得了较好效果，但这一模式的规模化推广，则需要借助规模化、标准化快速充电服务网络的有效支撑。

（3）换电式出租汽车的应用探索。

在纯电动出租汽车现有技术水平制约之下，同时考虑到出租汽车运营公司购车成本的限制，北京新能源汽车股份有限公司没有采用大容量动力电池的发展路径，而是推出充换电兼容模式的EU220出租车型，以期弥补纯电动出租汽车的里程焦虑问题，并为此研发推出了微型充换电站，其占地面积不足200平方米，减小了换电设施的场地资源占用，并可利用中石油、中石化加油站和大型商超停车场等社会资源共享建设，以保证换电式出租汽车应用推广模式的可能性。

换电式出租汽车虽然提高了纯电动出租汽车运营效率，降低了纯电动出租汽车运营的时间成本，但却需要增加由备用动力电池组充电、保管以及调度所产生的相关设施设备的购置、建设与运维成本；由于换电站建设场地限制，要尽可能提高换电效率，减少换电式出租汽车排队情况，因此对换电站的吞吐能力和自动化水平有较高的要求；此外，换电式出租汽车模式若想取得预期效果，换电站网络规模与密度需要达到一定的水平，初期建设投入成本较高。因此，对于换电式出租汽车模式大规模推广应用的经济性和可行性，需做更为系统且深入的测算。

6. 新能源物流车技术发展水平

（1）新能源物流车整体技术水平尚未达到大规模推广应用水准。

物流配送业务按照运输流程可分为城际物流、仓储物流、接驳物流和最后一公里物流配送等几个主要环节。目前，整车制造企业在不断探寻较为适用的新能源物流车产品谱系，以期覆盖所有物流配送环节，但现有的新能源物流车产品在车辆有效载重、续驶里程、整车可靠性等方面与市场需求尚有较大的差距。而动力电池组的装配使得车辆自重超过同级别的传统物流车，在与车辆自重相关的计重、计费、通行权和驾驶员资质审核等方面产生了一定的制约。因此，新能源车辆在物流配送行业的应用推广存在许多现实的困难。

（2）新能源物流车尚无法达到物流企业更换车辆的成本需求。

尽管目前车企对于生产新能源物流车的热情不减，但各大物流运营商对新能源物流车的应用尚处于试点评估阶段。新能源物流车在运营成本上确实较传统燃油车辆具有更高的经济效益，但是新能源物流车在替换比例、使用频率和利用效率上，与传统燃油物流车存在一定的差距，而且在目前财政补贴标准下，其置换成本仍远超同类别传统燃油物流车产品。因此，新能源物流车在运营成本方面的节约效果尚无法满足物流企业更换车辆的成本控制要求。目前，国内典型的新能源物流车与传统燃油物流车经济效益对比见表3。

典型新能源物流车与传统燃油物流车经济效益对比 表3

类别	通用五菱	北汽威旺307	河北御捷M6320	陕西通家电牛1号	重庆瑞驰EK05
电池电量/油箱容量	45升	50升	24千瓦时	36千瓦时	26千瓦时
续驶里程（公里）	700.00	800.00	150.00	190.00	150.00
官方指导价（万元）	3.60	4.50	14.20	20.00	15.50
国家补贴（1800元/千瓦时）（万元）	0.00	0.00	4.32	6.40	4.70
地方补贴（假定1:1配套）（万元）	0.00	0.00	4.32	6.40	4.70
终端售价（万元）	3.60	4.50	5.56	7.20	6.17
税费（万元）	0.30	0.45	0.00	0.00	0.00
总购车成本（万元）	3.90	4.95	5.56	7.20	6.17
5年运营总成本（万元）	6.37	6.58	1.62	1.62	1.73

二、新能源营运车辆动力电池

1. 主流的锂离子动力电池技术发展水平

磷酸铁锂和三元复合锂是目前和未来一段时期内新能源营运车辆动力电池的两大主要材料。三元电池从能量密度上更具优势，单体能量密度达180瓦时/千克，成组后能超过110瓦时/千克，而磷酸铁锂电池单体能量密度为120瓦时/千克，成组后能量密度为80瓦时/千克。尽管三元电池能量密度较高，但磷酸铁锂晶体中的P—O键稳固，难以分解,即便在高温或过充时也不会出现结构崩塌发热或者形成强氧化性物质,因此拥有较好的安全性。目前国内市场上主流的磷酸铁锂电池,在其研发和市场投放前需多次经历火烧、短路、针刺、撞击、高温、挤压、过充等极端测试,以确保动力电池良好的安全稳定性。实验表明,磷酸铁锂电池在部分极端实验中,虽有燃烧现象,但不会发生爆炸。目前,国内新能源客车市场主要采用磷酸铁锂材料的动力电池,而乘用车市场则已逐步向三元复合锂材料动力电池过渡。

2. 钛酸锂动力电池技术发展水平

电池的安全性是保障新能源汽车安全的首要前提,钛酸锂电池以其快充特性被广泛知晓,其安全性也一直受到用户的关注。微宏动力系统(湖州)有限公司研发的"不燃烧电池"技术,通过不燃烧电解液与耐高温隔膜两个主动防御措施,配合 STL 智能热控流体这一被动防御措施,最终实现了电池系统级别的不燃烧与高安全性。电解液燃烧是新能源汽车起火的主要原因之一,不燃烧电解液是保证电池不燃烧的关键所在,能够有效控制由明火或者电池内部发生短路而造成的瞬间热失控;内部短路是锂离子电池发生燃烧事故的主要原因,高性能隔膜也是锂离子电池安全的重要保证;而采用硅油浸没方式的智能热控流体技术提高了电池系统级别的安全性,能够在电池组内部发生细微内短路的情况下,快速隔绝热失控点,利用液体降低热失控点的温度,最大限度地降低了电池组安全风险。

3. 快充技术是解决新能源营运车辆里程焦虑的关键

无论是城际客运、城市公交、城市出租汽车,还是物流配送,续驶里程和充电时间都是制约着新能源汽车应用推广的关键因素。相对于不断增加动力电池数量以提升单次满电续驶里程的技术思路,科学寻找新能源汽车满电续驶里程与充电时间这对二元函数关系中的平衡点,将是提高新能源营运车辆运营效率的有效方法,而应用以钛酸锂和三元复合锂为代表的快充电池材料及相应快速充电技术和设备则是现有技术条件下较为适合的一个平衡点。

快充技术应用于新能源汽车,能够缩短新能源车辆充电时间,慢充客车充电时间多为 6 ~ 8 小时,而快充客车充电时间则可控制在 1 ~ 2 小时,运营中间的补电时间则可以缩短至 10 分钟以内,而且钛酸锂快充电池循环寿命可达 20000 次以上。在这一技术性能条件下,新能源客车对于单车动力电池组的装配数量和充电设备数量的需求都将大幅降低,例如:慢充城市公交车在推广运营中通常需要为其配备 1:1 的充电桩,而为快充城市公交车配套的充电桩则仅需按 1:4 至 1:6 配套建设,这在很大程度上缓解了充电基础设施对于新能源营运车辆应用推广的制约。

三、充电基础设施

1. 充电基础设施发展水平

(1)充电接口统一方面尚需时日。

2015 年 12 月月底,电动汽车充电接口及通信协议国家标准发布,正式从充电标准、接口标准、通信协议等层面,对电动汽车充电接口及通信协议予以定型,新的标准已于 2016 年 1 月 1 日起开始实施。

电动汽车充电接口及通信协议作为实现新能源汽车传导充电的基本要素,其技术内容的统一和规范,是保证新能源汽车与充电基础设施互联互通的技术基础,电动汽车充电接口及通信协议国家标准的修订全面提升了充电的安全性和兼容性。在新国家标准发布之后,运营商都将严格按照国家标准,设定充电接口和通信协议,不同车辆的充电一致性问题将逐步得到解决。然而,在标准制定之初,由于应用经验和数据积累的不足,充电接口和通信协议标准的部分条款和技术细节规定不够具体,应用过程中不同车辆和充电设施之间还存在不能完全兼容和适配的问题。此外,目前新建充电设施按照新国家标准的规范执行,而对于已建成充电设施的充电接口与通信协议的统一更新,尚需时日。

(2)充电基础设施网络覆盖率不足。

充电设施的配套建设不足是限制新能源营运车辆在各道路运输领域推广应用的关键因素之一。城市公交目前是新能源汽车在交通运输行业推广应用最为广泛的一个领域,除受到政策的大力推广之外,依靠公交场站建成的“蜘蛛网”式充电基础设施网络,为新能源公交车的推广应用提供了有力的保障。而新能源出租汽车、分时租赁车辆、物流车辆则将主要依靠社会充电服务网络实现日常运营中的充电,但是我国城市充电网络尚处于建设阶段,距离市域范围内的网络化运营尚存在一定的差距,因此,充电基础设施的网络覆盖率不足以满足目前新能源营运车辆规模化发展的需求。

在新能源营运车辆充电基础设施建设方面,土地资源是制约充电设施规模化建设的主要因素之一,为应对此问题,比亚迪股份有限公司、中兴新能源汽车有限责任公司等单位都在积极探索新能源车辆立体停车充电设施的可行性,其中,中兴新能源汽车有限责任公司利用无线充电技术有效提高了立体停车充电库的利用效率,在某种程度上解决了充电设施建设困难、充电网络覆盖不足的问题。

(3)充电倍率问题有待研究突破。

目前国内新能源营运车辆的充电桩充电倍率最高可达到 0.5C,而通过对营运车辆实际充电情况的调研发现,0.5C 多为理论充电倍率值,实际值略大于 0.4C。在现有充电设施充电倍率技术水平下,双枪充电模式可以做到有效的补充。调研了解到以重庆市公共交通控股(集团)有限公司所选用的钛酸锂公交车为例,其动力电池可接受的充电倍率理论上可达6C的水平,因此,充电倍率问题有待进一步的研究和探讨,期待能有较大的提升空间。

2. 新能源车辆充电对电网的冲击与影响

(1)利用谷电慢充依然是较为鼓励的充电方式。

根据2010年有关部门统计结果显示,我国每天有9亿千瓦时的低谷电不被利用而造成浪费,同时还会对电网造成损害。调研组从国家电网公司了解到,作为电力主营部门,希望新能源汽车能够更多地利用谷电,在电网配电量不变的情况下,新能源汽车选择夜间充电无疑将提高电网和电力资源的有效利用率。此外,我国对新能源汽车充换电设施用电执行峰谷分时电价政策,即谷电时期用电电价一般仅为峰电时期用电电价的30%左右。因此,从新能源营运车辆的使用成本方面考虑,也希望引导用户更多地选择夜间谷电充电。

(2)快充对电网的冲击与影响在电网的可接受范围之内。

快充技术的发展与普及对新能源营运车辆的高效运营提供了有效的保障,而快充技术因为充电时间短,在同等电量需求的情况下,需要更大的电流确保短时的充足电量,因此在之前的行业认识中,快充车辆的推广对电网的冲击不容小觑,这也在一定程度上延缓了快充技术规模推广应用的进程。

根据国家电网公司对目前全国新能源汽车充电情况的统计材料显示:新能源汽车白天的快充行为主要表现为分散式充电需求,不会出现某区域内全部快充桩同时使用的情况;而且快充车辆的集中充电对电网总容量的需求并不比慢充车辆集中充电的需求更大,快充车辆对电网总功率上的影响并没有预想的大;只是对于某些特定区域,在电网末端支路容量较小的情况下,会对部分终端用户用电稳定性产生一定的影响。因此,在新能源营运车辆上推广快充技术,对电网的冲击与影响在可接受范围之内。

3. 充电基础设施服务网络需实现互联互通

在新能源车辆配套充电基础设施规范化建设、网络化运营、接口协议统一标准的前提下,积极推动充电基础设施的互联互通是推动新能源汽车产业快速发展的重中之重。充电基础设施的互联互通可充分发挥充电设施利用效率,最大限度地为用户提供充电便利,实现已建成充电设施和运营商之间的信息共享与共用。

(1)确保充电设施在硬件层面上充电接口的互联互通。

2015年年底,充电基础设施硬件接口标准正式出台,基本完善了新能源汽车充电设施硬件接口的标准体系,后续8项具体标准也在2016年相继出台,整个标准体系将可以较为系统地支撑充电基础设施在硬件接口层面的互联互通。

(2)确保交易结算的互联互通。

目前,包括出租汽车与分时租赁企业等较多使用社会公共充电设施的企业均提出:在充电时需要常备多家充电服务企业的用户卡方可充电。这一问题的解决需要加快与金融部门的密切合作,通过制度加以规范,从整体上进行设计,形成一个可行的金融支付方案或公用支付体系,以推动各充电服务企业之间尽快实现统一结算和支付互联清分,为用户提供更加便捷的充电服务。

(3)确保充电服务信息的互联互通。

目前,新能源营运车辆的充电基础设施服务网络平台不断涌现,然而各运营服务商的网络平台仅记录了自己企业充电设备的信息,尚未实现全国充电设施网络的互联互通。在“互联网 +”的背景下,“互联网 + 桩联网”将是智能化充电设施网络化发展的方向。

四、商业模式创新

1. 以租代购推动新能源营运车辆推广应用进程

在出租汽车和物流配送领域,新能源车辆的渗透率较低,其运营模式、产品构型、投资回报等方面均未成熟,一次性投入过大、回报收益不确定等问题造成了新能源车辆在这些领域的应用推广进展缓慢,而选择租赁的方式,将有可能在一定程度上缓解运营企业购置新能源营运车辆的初期一次性成本投入压力,并能降低车辆使用环节的维护压力,进而推动这些道路运输领域的电动化进程。

2. 以社会资本代替国家补贴,促进新能源营运车辆市场可持续发展

自 2016 年起,我国新能源营运车辆的各项补贴政策已引入退坡机制。目前公交公司购车,基本采用分期付款的方式,这对整车厂乃至整个产业链的影响都是非常大的,也导致了目前很多新能源客车企业的现金流非常紧张。同时,国家财政补贴发放周期较长,也对新能源客车产业上下游的资金运转造成了一定的影响。以平安租赁公司为代表的金融机构,在为城市公交行业车辆采购和场站设施建设提供社会融资贷款方面进行了积极探索,为新能源营运车辆持续更换和规模应用,提供了全新的资本支持渠道,也得到了越来越多的城市公交企业的关注和认同。以社会资本市场化运作逐步代替国家财政补贴,将是未来新能源营运车辆市场可持续发展的趋势之一。

第二篇　行业篇

一、新能源汽车在城市公交领域的应用

2009 年启动的“十城千辆节能与新能源汽车示范推广应用工程”项目实施了 4 年，共创建示范城市 25 个，覆盖全国 21 个省（自治区、直辖市）；随后，于 2013 年启动的新能源汽车推广示范城市创建工作，审核通过两批共 88 个示范城市，覆盖全国 26 个省（自治区、直辖市）。通过以上示范试点活动，“以点带面”逐步推进了我国新能源公交车应用推广工作。目前，新能源公交车正在由试点应用向普及推广转变，推广规模逐年扩大。据统计，截至 2015 年年底，全国新能源城市公交车推广数量达到 8.6 万辆，推广范围扩大到全国 27 个省（自治区、直辖市），推广城市超过 110 个，覆盖公交企业 300 余家。

根据 2015 年 5 月，由财政部、工业和信息化部与交通运输部联合发布的“财建〔2015〕159 号文件”中对各省（自治区、直辖市）新能源公交车更换与新增比例的限定，并结合目前我国新能源城市公交车应用推广情况，预计到 2020 年年底，全国新能源公交车总量将超过 23 万辆，将占当前全国公交车总量的 31% ~35%，届时全国平均每三辆公交车中将会有一辆是新能源公交车；其中大气污染治理重点区域和重点省（自治区、直辖市）近一半的公交车将更换为新能源公交车，平均年增长率超过 40%。23 万辆新能源公交车中预计有 15.5 万辆为替换原有的柴油公交车，即柴油公交车占城市公交车总量的比例将由 2014 年的 53% 下降至 2020 年的 18% 左右。

就不同技术类型的新能源公交车而言，插电式混合动力公交车相较纯电动公交车，对充电设施的依赖性较低，在推广应用初期更受市场青睐，据“城市客运新能源汽车数据采集平台”统计数据显示：截至 2015 年 8 月，已上路运营的新能源公交车中，插电式混合动力公交车占新能源公交车总量近六成。增程式混合动力公交车虽然推广范围较小，但因其低成本、高节油率以及对充电设施的低依赖度等特征优势，将拥有较好的应用前景。纯电动公交车按照充电速度的快慢，可分为慢充纯电动公交车和快充纯电动公交车两大类，据“城市客运新能源汽车数据采集平台”统计数据显示：截至 2015 年 8 月，已上路运营的纯电动公交车中，以慢充纯电动公交车为主，占新能源公交车总量的 18%，而随着电池技术与充电技术的发展，快充纯电动公交车因其充电速度快、电池装载量小等性能优势，将逐渐取代慢充纯电动公交车，这一观点已得到国内公交行业的普遍认可。而燃料电池公交车受限于整车和配套基础设施成熟度以及成本制约，现阶段尚处于示范试验阶段，短期内尚不具备规模化推广应用条件。

二、新能源汽车在公路客运领域的应用

公路客运包含城际客运、城乡客运与旅游客运。截至 2015 年年底，全国拥有公路营

运载客汽车 83.93 万辆，公路客运平均运距达 66.35 公里，是城市公交线路长度的 3 倍左右，运营强度高的线路其单车日均营运里程甚至达到 400~500 公里。与新能源汽车在城市公交领域的大规模迅速推广相反，新能源汽车在公路客运领域的推广应用进展缓慢。至今为止，我国公路客运领域新能源汽车尚未有规模性推广。

新能源汽车在城乡客运领域的应用相对城际客运领域会更为可行，湖州市康达公交公司运营的"湖州—南浔"城乡公交线路车辆采用快充纯电动公交车，运营效果良好。而旅游客运领域主要分为班线运营服务和城市周边旅游包车服务，两种模式的运营里程有明显的峰谷分化，班线运营服务的运营半径均在 100 公里以内，城市周边旅游包车服务的运营半径在 200 公里左右，由于旅游客运的特殊运营特点，在该领域应用推广新能源汽车受运营业务范围内不同城市充电设施建设服务水平的影响较大，推广应用有一定的难度。

在公路客运领域推广应用新能源汽车，首先要考虑的就是车辆能否满足如此高强度的运营要求，快充或增程式混合动力客车较为契合公路客运运营特征；其次，客运企业对新能源汽车在公路客运领域应用的顾虑除了续驶里程以外，车辆可靠性也是关键性影响因素；如果加氢基础设施能够形成一定规模和密度的网络化水平，燃料电池客车在公路客运领域的推广应用是值得期待的。

三、新能源汽车在城市出租领域的应用

截至 2015 年年底，全国新能源出租汽车总量为 6854 辆，占当年全国出租汽车总量的比例不到 0.5%，与新能源公交车的推广速度相比较为迟缓，推广难度相对较大，但深圳和太原等城市已提出将逐步实现各自城市出租汽车 100% 电动化的发展目标。目前，我国新能源城市出租汽车只有纯电动这一种技术类型，主要采用磷酸铁锂电池，慢充为主快充为辅的充电方式，个别企业也在开展换电模式出租汽车的探索与示范。

直充式纯电动出租汽车对充电站的布局建设要求较高，目前我国出租汽车运营分单班制和双班制，出租汽车驾驶员对有效运营时间非常看重，纯电动出租汽车由于在营运过程中需要进行补电，除去到达充电站的空驶时间，为了保障运营效率，驾驶员对车辆的充电时长有较高的要求。现阶段我国直充式纯电动出租汽车充补电时间较长，尚不能达到传统车辆的运营效率。

换电式纯电动出租汽车营运效率较高，目前北京新能源汽车股份有限公司生产并投入运营的换电式出租汽车及换电站能够实现 2 分钟快速换电，但是换电模式前期资金投资压力较大，换电站建设场地需求和吞吐能力要求较高，是否具有大规模推广的可行性，仍值得进一步研究。

四、新能源汽车在城市物流配送领域的应用

随着电子商务业务快速发展，物流快递行业的需求迅速增大，使得城市物流配送车辆这一细分市场需求大幅提升，且城市空气污染日益加重，政府相关部门逐步重视并大力推动纯电动物流车的使用。在此背景下，2015 年纯电动城市物流配送车辆出现快速增长，尽管受限于 2015 年底中机车辆技术服务中心对新能源物流车技术要求相关规定的影响，2016 年上半年全国新能源物流车产量仍旧同比增长 186%，达到 6284 辆，截至 2016 年 6 月，全国新能源物流车累计产量为 57747 辆。

目前，进入推广目录的纯电动物流车续驶里程一般在 150 公里左右，受限于车辆技术性能和通行权监管现状，纯电动物流车辆主要应用于配送中心到快递网点的短程接驳配送运输过程。

对于物流配送的不同阶段，不管是城际物流、仓储物流、接驳物流和最后一公里物流配送，每个阶段都有独特的业务特征，只有根据业务特征选择合适的物流车型，才能提高车辆运营效率，降低车辆使用成本。简言之，不是每个环节的物流运输车辆都适合电动化，特别是不一定适合纯电动物流车辆的应用推广，而应根据实际情况，实事求是，选择合适的车型才是较为可观合理的应用方式。

五、新能源汽车在分时租赁领域的应用

汽车分时租赁是一种具有共享经济特征的交通出行方式，具有分时付费、全程自助、随借随还等特点，有利于降低社会出行成本，缓解城市停车设施建设压力。目前，国内已有北京、上海、芜湖等 10 余个城市开始尝试新能源汽车分时租赁业务，代表性企业有绿狗租车、EVCARD 等，而在重庆落地的 car2go 业务则为采用传统燃油车型。

自 2015 年以来，新能源汽车在分时租赁领域迎来了爆发式增长，目前国内分时租赁主要分为三种模式：公务车分时租赁（B2G）、集团客户分时租赁（B2B）、个人分时租赁（B2C）。不同模式的分时租赁业务，其网点分布、网点类型、车日均订单数、车日均行驶里程、车日均租赁时间以及车辆 OD 分布等运营习惯存在明显区别，具有完全不同的运营特征，对于新能源车辆的适用性而言，存在较大差异性。

在快速发展的背后，新能源乘用车现有技术性能条件（包括车型尺寸、整车购置价格、动力电池组数量、能耗及续驶里程预测、停车/防盗/防毁伤/事故记录等方面的智能化装备水平等）在分时租赁领域内是否真的适用，还值得深入探讨和系统分析；而与之配套的充电服务设施、停车设施、车辆购置与动力电池更换成本等因素对这一业务实际运营的制约作用却已逐步显现。调研组先后对北京、上海和重庆的 5 家分时租赁企业进

行了实地调研。调研结果表明，目前尚未有一家新能源分时租赁企业实现盈利。

六、不同道路运输领域应用推广新能源汽车的主要问题和建议

不同道路运输领域应用推广新能源汽车的主要问题和建议见表1。

不同道路运输领域应用推广新能源汽车的主要问题与建议汇总表　　表1

序号	主要问题	问题说明	建　议
		城市公交领域	
1	充电基础设施问题	(1)充电基础设施规模和密度不能满足城市公交车辆充电需求，核心问题是土地制约。 (2)使用国家电网等第三方建设运营充电设施比公交企业自建自营的充电设施，用电成本高出1倍以上。 (3)公交企业自建自营充电设施缺乏相关规范和程序标准，存在安全隐患	(1)在用电价格方面，建议与相关电力部门沟通协调，对城市公交企业新能源城市公交车运营充电价格予以整体性优惠，或有针对性地延长谷电时间段起止时间。 (2)建立充换电站建设标准，安全评价标准，建设、验收与运营的规范性工作与管理流程
2	车辆运营效率问题	受限于新能源公交车当前技术现状与充电设施建设现状，新能源公交车运营效率低于传统公交车辆	创新运营管理策略，弥补新能源技术缺陷
3	车辆安全问题	新能源公交车辆自燃事故时有发生，随着投入实际运营的新能源公交车辆规模的不断增长，3～4年后的运营安全隐患压力较大	(1)逐步建立较为完善的新能源公交车运行安全管理制度、维护制度、能源消耗监测与管理制度。 (2)加强对人员技术培训工作，开展对驾驶员、修理工及管理人员理论与实践知识岗前技术培训。 (3)制定问题车辆召回机制。 (4)制定问题企业和产品负面清单，加强社会监督
		公路客运领域	
1	车辆技术与维修问题	(1)新能源客车产品在其投入市场之初尚不成熟，使用过程中小故障较多，核心零部件更换成本高且周期长，对运营效率和可靠度影响较大。 (2)新能源客车车型结构有别于传统车辆，维护业务差异性大，维护人员需要进行专业培训并持证上岗	(1)应加快建立专门的维护监管政策和标准规范体系。 (2)整车制造企业在车辆出厂前进行质量检验。 (3)建立用户企业与整车企业的使用效果反馈机制，不断优化整车产品质量
2	基础设施建设问题	运营企业自建充电基础设施相关政策缺失，建站困难且手续烦琐	规范并简化公路客运企业自建充电基础设施申报审批手续

续上表

序号	主要问题	问题说明	建议
3	电费计价方式问题	目前电价通常有峰、平、谷三类时段和价格，计费方式采用分时电价计费方式和电度电价计费方式两类，彼此间价格差异很大，由于快充模式比较适合公路客运市场运营环境，但其在谷间充电的机会很小，因此运营成本较高	在用电价格方面，建议与相关电力部门沟通协调，对公路客运企业新能源客运车辆运营充电价格予以整体性优惠
4	优惠政策欠缺问题	城市公交车有运营补贴和购置补贴，而客运车辆暂无运营补贴扶持，影响50公里以下公路客运线路的电动化进程	根据各地实际情况，出台相关财政扶持政策
城市出租汽车领域			
1	车辆技术问题	（1）车辆续驶里程短，日常补电时间长、受气温影响严重，电池技术性能有待提升。 （2）车辆投放市场初期故障率高，配件供应不稳定，维修时间过长，对企业日常运营影响明显	建立以政府为主导的新能源纯电动出租汽车发展机制，由运营企业制定采购车辆的技术参数和标准，提高车辆的技术性能和质量，提升新能源汽车作为出租汽用车采购的准入门槛，采取市场化采购模式，保障运营企业利益和使用感受
2	成本问题	目前纯电动出租汽车的整车采购费用、保险费用以及维修费用均高于传统出租汽车，成本因素已成为制约新能源出租汽车市场发展的关键因素之一	（1）加快动力电池产业发展，逐步延长动力电池组使用寿命、降低购置与更换成本。 （2）优化新能源出租车辆的保险、维护制度，降低成本
3	充电设施问题	充电基础设施不完善也是制约新能源出租汽车推广应用的重要因素	（1）加大对新能源出租汽车日常运营所需配套充换电设施的投入力度，合理规划布局。 （2）探讨引进社会资本参与充换电站建设
城市物流配送领域			
1	车辆技术问题	（1）新能源物流车辆产品目前故障率比较高。 （2）电池衰减严重。 （3）电池循环次数低	（1）新能源物流车生产企业应不断提升车辆续驶与载重能力。 （2）应尝试根据不同物流配送企业自身业务特点，提供定制化的服务，显著提升与应用需求的契合度
2	充电问题	（1）充电难，受城市对物流车辆运输路线的限制，新能源物流车使用社会充电设施难度很大。 （2）充电桩建设困难，物业配合意愿不高。 （3）充电桩标准以及支付手段不统一	（1）加大对物流配送企业新能源车辆所需充电设施建设扶持力度，特别是在物流园区加快集中开展公共充电设施建设。 （2）研究新能源物流车辆在城市道路网络的通行权倾斜政策

续上表

序号	主要问题	问题说明	建议
3	保险问题	(1)缺乏针对新能源汽车及动力电池组风险评估与保险产品。 (2)车辆保险按车辆补贴前价格缴纳,保险费用居高不下	加快研究制定针对新能源物流车辆动力电池组的风险评估与保险理赔产品
4	货运车辆租赁业务的合法化	新能源物流车辆购置成本高,物流企业购车的资金压力大,倾向采取租赁方式,以致物流车辆出租并投入运营的合法性问题凸现	建议对新能源物流车辆租赁运营问题尽快开展专项研讨
5	出台通行与停车等鼓励政策	(1)新能源物流车应用推广中对于非货币扶持政策,例如通行权等政策的敏感性更强。 (2)新能源物流车辆配载动力电池属于整车的一部分,但电池重量对于整车自备重量影响很大,如果对其采取与同级别的燃油物流车辆一样的管理办法和计费方法不合适	针对新能源物流车自身技术性能特点和推广使用意愿敏感性,加快研究制定通行权、临时停车、计费计重等环节的管理办法
分时租赁领域			
1	定位问题	分时租赁在交通运输行业内的定位不明确,没有专门的管理部门和管理办法	将分时租赁业务纳入道路交通管理部门日常的监管业务范围,可考虑与出租汽车业务或汽车租赁业务合并管理
2	牌照资源问题	市场集中度很低	打造旗舰企业,针对新能源汽车分时租赁,建立考核评价制度,对分时租赁运营效果良好的企业予以政策倾斜与支持
3	停车资源与管理问题	城市内停车位资源紧张,且停车位成本较高,企业运营成本高、建设周期长	建议在分时租赁车辆的停车管理上予以支持,政府规划无偿或低价提供城市中心区分时租赁车辆专用停车位和配套充电设施,并配套制定统一标识和监控处罚手段
4	车辆技术问题	纯电动车辆购置成本较高,运营城市充电基础设施不完善,纯电动车辆充电难	根据自身目标群体特点,选择适合的车型,不要盲目推广纯电动车型,造成运营成本高、客户感受不佳等问题
5	充电问题	在租还车过程中,需要用户主动对车辆进行充电,才能完成还车动作,存在较大安全隐患	出台充电操作规范与充电设施管理办法,加强充电安全性
6	交通违章处理问题	分时租赁车辆投入运营前期,易产生大量违停等交通违章,现阶段对违章的处理极其困难	对分时租赁行业人车分离的事故处理进行规范,简化交通违章处理程序,应将涉及扣分的违章由车辆转移至驾驶员

第二部分

新能源营运车辆产业与技术动态
专家座谈会材料汇编

全体大会

发言专家

王笑京

李　斌

（按发言顺序收录）

大会介绍

王笑京
交通运输部公路科学研究院　总工程师

尊敬的各位领导、各位来宾、各位专家，作为今年交通运输部专家委员会专题调研工作的总结，今天我们在这里召开“新能源营运车辆产业与技术动态”专题调研座谈会。今天参会的代表很多，可见这项工作得到了我们业界的高度关注。

今天我们非常高兴能和来自新能源公交运营企业以及新能源汽车产业各界的同仁在一起共同研讨新能源营运车辆的有关问题。

下面请允许我介绍一下今天参加这次座谈会的有关领导：交通运输部总工程师周伟同志，国务院发展研究中心产业所副所长、汽车百人会秘书长张永伟同志，国家电网公司营销部智能用电处处长武斌同志以及原北京公路交通控股集团董事长、中国道路运输协会城市客运分会理事长张国光同志。

今天参加会议的还有两位来自交通运输部行业主管部门的代表：交通运输部运输服务司城乡客运管理处余坤同志和交通运输部公路局路网管理处毛锐同志。

其他来自各个协会、学会，还有客运公司、企业的很多领导，在这里就不一一介绍了，我代表本次会议组织方对各位领导、专家以及业界同仁的到来表示热烈欢迎！

专题调研介绍

李 斌

交通运输部公路科学研究院 ITS 中心主任

各位领导,各位同仁,大家上午好! 我受专家组委托,向大家简要汇报此次调研工作。

新能源汽车产业发展是党中央国务院的重大战略部署,从 2009 年“十城千辆节能与新能源汽车示范推广应用工程”开始算起,到现在已经进入第 8 个年头,新能源汽车产业经历了一个不断发展的过程,国家在这个发展过程中逐步明确将公路服务领域作为新能源汽车推广应用的重要突破口。这些年,特别是交通运输行业的主管部门——交通运输部,围绕新能源营运车辆推广应用逐步形成了一系列政策措施。比如,2015 年年初发布的《交通运输部关于加快推进新能源汽车在交通运输行业推广应用的实施意见》(交运发〔2015〕34 号),明确提出“到 2020 年实现公交车、出租汽车 30 万辆”的推广目标,这为整个行业提供了明确预期。2015 年 5 月,交通运输部联合财政部、工业和信息化部共同出台了《关于完善城市公交车成品油价格补助政策 加快新能源汽车推广应用的通知》(财建〔2015〕159 号),为实现这个目标提供了一个路径。通过财政补贴调整,逐渐降低对传统公交车的燃油补贴,加大对新能源公交车的补贴。对完成推广目标的省份给予运营补贴;对未完成目标的省份调减燃油补贴。这些措施为实现“到 2020 年 20 万辆公交车、10 万辆出租汽车”的目标提供了一个预期。2015 年 11 月,交通运输部又联合财政部、工业和信息化部出台了《新能源公交车推广应用考核办法（试行）》（交运发〔2015〕164号），对新能源公交车推广应用落实情况进行考核。三个政策构成一套“组合拳”，形成政策闭环，为实现推广目标奠定良好的政策基础。本项专题调研工作有三个主要目的：

第一，梳理国内新能源营运车辆的产业构成、产业化进程、技术水平以及最新的技术热点；

第二，了解新能源车辆在交通运输行业的应用现状、政策环境、存在问题以及发展趋势，明确行业应该秉承的态度和原则；

第三，提出科学合理的监管和扶持政策建议，为下一步更加科学有效地规模化应用推广新能源营运车辆提供政策支持和依据。

调研的领域，包括城市公交车、出租汽车、分时租赁、公路客运、城市物流配送以及基础设施。

调研的对象，一方面是从整个产业的链条上考虑，包括新能源汽车产业主要环节的代表组织和机构，不同的道路运输企业业务主管部门以及从业企业，负责提供基础设施环境的公路和市政设施的运营管理企业，以及相关的金融服务机构。另一方面从地域上考虑，由于公路情况复杂多样，调研工作将尽量覆盖到东、中、西部地区的一线、二线、三线城市。

调研内容包括五项：第一，新能源运营车辆、动力电池以及充换电设施的技术水平、可靠性、成本与销售价格、市场规模和用户反馈；第二，新能源汽车在公路客运、城市公交、出租汽车、物流配送、分时租赁等领域的应用情况、运营模式以及用户企业实际使用感受；第三，新能源营运车辆关键技术性能指标演进方向、产业规模发展趋势以及营运与商业模式创新；第四，财政扶持政策环境与金融机构融资服务创新；第五，新能源营运车辆市场准入与监管要求。

调研方式主要分为两种形式：座谈会和实地调研。

本项专题调研最终将形成一套专题调研报告以及行业进一步推广应用新能源营运车辆的政策建言，由部（交通运输部）专家委员会正式提交给交通运输部党组。此外，还将通过诸如内部参考、部级协调会议等多种形式，向国家发展和改革委员会、财政部、工业和信息化部、科技部等相关部门反馈本项调研工作中发现的主要问题和建议。希望我们的工作可以为交通运输行业新能源汽车的应用推广贡献一分力量。

公交客运分会

发言专家

陈光悦
翟景森
刘　勤
严会贵
石　军
宋小凤
刘开贵
朱向军
谢先海
张亚光
常　青
于　飞
于新泉
龚　瀛
余　坤
胡剑平

（按发言顺序收录）

深圳市新能源公交车推广应用情况

陈光悦

深圳巴士集团股份有限公司　技术部部长

一、深圳市新能源公交车推广情况

1. 车辆规模,从示范运行到全面推进

深圳市从 2008 年提出新能源车辆示范运行至今,主要经历了示范运行、规模推广和全面推进三个阶段。

(1)示范运行阶段。

2009 年至 2012 年,以混合动力公交车为主,少量应用纯电动公交车。全市新能源公交车总计 2000 辆,其中纯电动公交车 253 辆。

(2)规模推广阶段。

2013 年至 2015 年,全市投放纯电动公交车 4600 辆,以纯电动公交车为主的新能源公交车比例大幅提升。截至 2015 年年底,新能源公交车占公交车总量的 50%,纯电动公交车占公交车总量比例约为 34%。

(3)全面推进阶段。

2016 年,深圳市三大公交公司启动全面电动化工作。深圳巴士集团已完成 3573 辆纯电动公交车的采购招标工作，将率先实现公交车全面电动化。

2. 利用市场机制完成配套设施建设

充电站和充电桩的合理布局与建设，是新能源车辆顺利投放的先决条件。为确保充电安全，在推广纯电动公交车之初，深圳巴士集团就引进了专业的充电服务运营商。2010 年 7 月，建成行业内第一座由非电网企业建设的充电站；2011 年年底，构建了行业内第一个微型充电示范网络，涵盖充电站 12 座。目前，深圳市共有 100 多座集中式充电站，基本满足在用新能源车辆的充电需求。

随着车辆技术和充电技术的发展，结合公交运营需求，深圳巴士集团不断改进充电合作模式、优化充电站布局。在充电合作方面，坚持专业化分工，鼓励和引进多种合作模式，以"固化现有运营模式、发展新型合作关系、广泛依托社会资源"为基本原则，构建多种方式共存的能源补给体系。在充电站建设布局方面，由于场地紧张，将桩车比为 1∶3 的布局方式优化为 1∶7。2016 年 4 月，已完成第一个"网式快捷充电系统"试点工作，实现了"充电不移车、用足谷期电价"的基本目标。与此同时，深圳巴士集团还在试点柔性充电堆、一桩多充等方式，针对不同场站特点和线路车辆规模，采取不同的充电站建设布局方案，大幅降低投资成本和运营成本。

3. 提高新能源车辆使用效率

车辆全面转型，管理要突破传统，创新求变。为提高新能源公交车的使用效率，深圳巴士集团先后采取了多项精细化管理措施：

(1)实施"一线一营运方案"。

针对不同线路的运营特点，制定符合新能源公交车技术性能特点的专有营运组织方案。2016 年下半年，基于网络平台，通过大数据技术，进一步优化运营方案，并增设针对性更强、效率更高、效益更好、服务更便捷的定制公交。

(2)采取"夜间充满电，白天快补电"策略。

降低日间充补电时间对运营时间的占用，提高车辆使用效率；同时，充分利用峰平谷电价，降低日常运营中的能源成本。

(3)构建新能源公交车技术保障体系。

建设新能源公交车维修车间，探索公交公司和生产厂家联合维修模式，不断提高技术保障水平。

(4)狠抓新能源公交车安全管理。

已制订针对新能源车辆的安全管控应急预案，并让各级管理人员、驾乘人员熟练掌握。

通过精细化管理手段，弥补新能源公交车技术性能的局限性。深圳巴士集团纯电动公交车日均行驶里程达到190公里,每辆车年运营里程超过6.5万公里,运营里程高于深圳市交通运输委员会年运营里程6万公里的要求,也超过《新能源公交车推广应用考核办法(试行)》中对新能源公交车年运营里程3万公里的考核要求。

二、新能源公交车推广政策保障情况

近几年,我国新能源公交车发展迅速。截至2015年年底,全国新能源公交车数量占公交车总量的比例已超过10%,这主要得益于《新能源公交车推广应用考核办法(试行)》等一系列政策的推动。深圳市委、市政府高度重视新能源车辆的应用推广工作,在政策上也给予了积极支持和引导。

1. 领导重视

为加快新能源汽车推广力度,实现公交车全面电动化,深圳市政府定期召开新能源汽车推广专题会议,由分管市领导主持,市主要局委、各区政府和相关企业的主要负责人参加,多方协同推动新能源汽车的推广工作,开设绿色通道。

2. 规划先行

在示范推广阶段,深圳市政府牵头统筹,包括投放计划、运营补贴、充维服务、配套建设等;在全面推进阶段,公交企业自主决策,补贴整体打包,政府以监督考核为主。从行政计划引导干预到市场化发展,这些符合产业发展的政策为深圳市新能源公交车快速推广创造了有利条件。

3. 购置补贴力度大

鼓励公交、出租汽车、物流、环卫企业和个人购买或更新纯电动汽车,购置补贴在国家补贴基础上,按照1:1实施地方补贴,大大降低了企业和个人的车辆购置成本。

4. 营运补贴机制较好

就公交车而言,深圳市政府委托第三方对前几年新能源车辆使用情况进行严格审计。在确保新能源公交可持续发展基础上,结合传统燃油车辆补贴政策,统筹中央补贴资金,在完成年度运营里程6万公里的前提下,2016—2017年给予每辆车每年45万元的运营补贴,并以此为基准,随着新购置车辆的车价下降,运营补贴联动下调。

5. 充电站建设支持与补贴

在充电运营商监管方面,鼓励社会资本和民营企业参与,实施备案制,在深圳市发改委备案的充电运营单位已超过30家；在充电站建设方面，涉及用地与建设协调，市政府组织专题会议进行研究和部署，加快充电站建设进度；在充电站补贴方面，深圳市制定并基本明确了充电站建设补贴标准，主要根据交/直流方式和充电功率予以补贴。

三、新能源公交车推广思考与建议

1. 重视基础配套，多模式构建能源保障体系

（1）加大对公交企业的土地要素扶持。

一是土地供给对公交行业放宽，需将公交场站规划纳入城市建设规划重要组成部分，提供布局合理、容量足够的公交场站；二是加大公交场站用地商业综合开发的政策扶持，准予部分场站开展一定程度的商业开发，提高用地强度，增加公交企业内在造血能力，降低财政补贴负担。

（2）加大充电站建设协调力度。

充电站建设工程大、牵涉部门较多，需要政府大力协调，包括城管、住建、环保、消防、安监、规土以及供电等部门和单位。在实际建设过程中，受到各方面管理较多，制约了充电站的建设进度，建设完成后还面临缺乏验收标准等难题。建议部委尽快形成充电站建设规范和验收标准，督促各地方政府统筹协调充电站建设工作。

2. 打破市场壁垒，形成竞争机制，促进技术进步

（1）加大核心技术研发力度。

依托高等院校、科研机构、重点企业、技术创新服务机构等，实施若干新能源汽车产业前沿技术攻关计划。在整车设计、动力总成、整车匹配、动力电池、关键零部件与材料、配套服务设施等领域取得关键技术突破，以技术进步推动产业实现质的发展。

（2）打破市场壁垒。

引入竞争机制，逐步打破差别待遇。以政府监督方式让使用者拥有充分自主选择权，让公交企业成为新能源车辆的主动选择者而不是被动接受者。以竞争促进技术进步，提高售后服务品质。

3. 补贴用到实处，推动新能源公交车可持续发展

公交是劳动密集型公共服务行业，低营收、高成本，财政补贴应充分体现公交行业的公益属性，并加强对财政补贴申请和使用的监管与审计。

（1）新能源车辆购置补贴“退坡”后，不增加公交企业购置成本，同时考虑地方配套，直接补贴给公交企业，提高公交企业车辆购置的话语权；

（2）运营补贴应充分考虑公交经营实际，结合人工成本增长、营收下滑、后期维修成本增加等因素，建立合理、稳定且有利于公交行业可持续发展的运营补贴机制；

（3）补充制定针对纯电动中型客车、纯电动双层大型客车等车型的运营补贴政策和标准；

（4）制定合理的充电服务费标准，保护充电服务商和公交企业双方长远的合作意愿与权益。

4. 正视新能源公交车外部贡献，将社会效益经济化

推广新能源公交车具有十分明显的外部效益。以深圳巴士集团为例，全面电动化后，每年可减少二氧化碳排放约 38 万吨，减少其他颗粒物和废气排放近 2000 吨。在制定公交财政补贴政策时应充分考虑新能源公交车在节能减排、低票价、缓解交通拥堵等方面积极的社会效益，减轻公交企业推广新能源公交车的成本压力。

5. 关注新能源汽车后端市场，避免资源浪费和二次污染

新能源汽车有别于传统燃油车辆，需配置较大容量的动力电池，会消耗较多稀有金属，而动力电池更换、报废等环节应提前予以关注和统筹。在保证运营安全的前提下，可适当延长新能源车辆报废期限，尽快形成动力电池梯级利用、再利用和报废相关规划、相关管理办法和标准规范，以避免资源浪费和二次污染。

全面推广新能源公交车符合国家战略，作为公交企业，我们重视行业的稳定和企业的可持续发展，希望政府政策更优、更好，落到实处，希望新能源汽车推广政策能够促进公交企业融入整个产业的健康发展中，逐步降低对财政的依赖。

郑州市新能源公交车推广应用情况

翟景森
郑州市公共交通总公司　机务处处长

一、郑州公交[1]新能源车辆现状

1. 郑州公交整体情况

郑州公交运营车辆共 6396 辆，其中节能与新能源车辆共 4142 辆，占 64.76%；新能源车辆 2587 辆，占 40.45%。公交运营线路共 306 条，线路总长度 4378.1 公里，日运营里程约 80 万公里，日运送乘客约 280 万人次。

前一阶段，郑州公交一直以混合动力和插电式混合动力新能源公交车为发展重点，纯电动公交车数量和占比均相对较少。目前，郑州公交已确定以纯电动公交车为主体的技术路线和方向。

2. 郑州公交新能源车辆情况

在节能与新能源车辆中，柴电混合动力车 596 辆，气电混合动力车 959 辆，插电式

[1]"郑州公交"为郑州市公共交通总公司的简称。

气电混合动力车 2472 辆，纯电动车 115 辆。这些车辆投入运营所带来的效益主要表现在：

(1)经济效益。

按同线路、同车型对比，比普通车辆节省燃料费用超过 30%。

(2)环境效益。

与普通柴油车辆相比，新能源车辆二氧化碳排放量最高消减比例达到 50%；一氧化碳、碳氧化物、氮氧化物和颗粒物排放量的最高消减比例可达到 44%、91%、20% 和 76%。郑州公交现有的节能与新能源车辆运营一年可累计减少排放各类污染物约 13 万吨。

(3)社会效益。

采用无级变速器，降低了驾驶员劳动强度；采用怠速停机和纯电行驶功能，在起步和正常行驶过程中车辆平稳、噪声低，提高了市民乘坐的舒适性。

3. 郑州公交充电基础设施现状

(1)充电示范站。

目前在石楠路和花寨两个公交场站各建设一处省级充电示范站(图 1)，主体工程已结束，分别配备充电终端 132 个和 188 个。

图 1　省级充电示范站

同期，在沙口路、花园口、祥盛街等九个公交场站建设充电桩，共计配备充电终端 170 余个。

(2)换电站。

郑州公交分别于 2014 年和 2015 年在商都路和博学路各建成一座换电站(图 2)，可满足 100 辆车的换电需求。

图2 换电站

(3)无线充电位。

2015 年,郑州公交建设了 10 个无线充电位(图 3),可满足 10 辆无线充电纯电动公交车日常运营所需的充电需求。现有 5 辆 12 米无线充电纯电动公交车在 B6 路线路运营,充满电后可实际运营约 200 公里(空调关闭状态)。迄今为止,5 辆车已累计运营 3.2 万公里,单车日耗电量约 170 千瓦时,合 1 千瓦时/公里。

图3 无线充电位

二、政策的建议与期望

1. 新能源车辆运营补贴问题

国家对 2015 年 1 月 1 日之后购买新能源车辆给予运营补助资金,而之前购买的新能源车辆既享受不到普通柴油车的油补，也享受不到新能源车辆的运营补贴。新能源车辆推广初期，郑州公交积极响应国家号召，于2011—2012年批量购置柴电混合动力公交车和气电混合动力公交车，2013—2014年批量购置插电式混合动力公交车。早期投入的节能与新能源车辆的使用成本、维修成本比近两年购置的新能源公交车高得多，而这些车辆目前已进入故障高发期，仅2016年上半年发生维修费用合计442万元，维修成本高于传统车辆和新能源公交车辆。

建议对2015年以前购置的节能与新能源公交车辆同样给予运营补贴，以缓解公交企业运营亏损。

2. 燃气车辆运营补贴问题

为缓解大气污染，郑州公交选择了比传统燃油汽车更环保、更安全的天然气车辆，对环境保护作出了积极的贡献。建议对属于清洁能源的天然气公交车辆给予适当的运营补贴。

3. 新能源购车补贴建议直接补给消费者

现行国家关于新能源汽车购置补贴政策在执行中主要采取：新能源汽车生产企业在销售新能源汽车产品时按照扣减补助后的价格与消费者进行结算，中央财政按程序将企业垫付的补助资金再拨付给生产企业。

政府设置新能源汽车购置补贴是鼓励消费者购买新能源汽车，以市场需求刺激企业进行研发和生产。现在补贴资金直接补给车企，容易滋生骗补现象。车企获得补贴后，资金主要用于企业扩张，投入后续研发的资金占比小，不利于新能源汽车产业健康发展。

建议将购置补贴资金直接补给消费者，以激励消费者购买热情，并促进车企不断提高产品的核心竞争力，逐步降低成本，推动新能源汽车产业快速、健康、可持续发展。

4. 扶优扶强

新能源汽车产业可持续发展，必须走市场化道路，破除地方保护，突出对优势企业的支持，鼓励先进、扶优扶强，实现专业化管理、产业化经营、市场化运作，不断降低新能源汽车成本，提升产品性能，减轻运营企业购车和用车负担。

5. 新能源车辆基础配套设施问题

(1)充电桩建设投资高。

发展纯电动汽车，充电设施必不可少。充电桩建设需要大量资金投入，且需配备一定数量的专业充电维护管理人员，相对于传统燃油车辆的使用，人工成本增加。

（2）公交场站电力不足。

新能源公交车所需的充电桩属大功率用电设备，通常功率在 60 千瓦以上。现有公交场站负荷普遍在 300～600 千瓦，且处于电力满载状态。大批量建设充电桩，将超过多数公交场站既有的电力负荷能力，公交场站电力增容迫在眉睫。正常电力报装手续较多、持续时间较长（3 个月或者更长的时间），建议尽快简化充电设施建设过程中电力报装程序，并限定报装审批时间。

6. 新能源车辆充电电价问题

纯电动公交车和插电式混合动力公交车的数量在不断增加，电力需求巨大。目前我司所能申请到的电价为一般工商业其他用电电价（电压等级不满 1 千伏，尖峰电价 1.426 元/千瓦时，高峰电价 1.270 元/千瓦时，平段电价 0.825 元/千瓦时，低谷电价 0.435 元/千瓦时）。

为保障公交企业可持续性发展，建议对于公交企业用电价格给予一定的倾斜：实行一般大工业用电电价（电压等级 1 千～10 千伏，尖峰电价 1.079 元/千瓦时，高峰电价 0.962 元/千瓦时，平段电价 0.629 元/千瓦时，低谷电价 0.337 元/千瓦时）或更优惠的电价。

7. 纯电动公交车电池问题

目前纯电动公交车存在购置价格高、运营成本高、故障率高和利用率低、运营效率低等问题。其中，纯电动公交车续驶里程短的问题突出，尚无法满足空调开启状态下行驶 200 公里以上的运营需求，不能完全替代传统车辆。

8. 新能源车辆购车成本高

以 12 米插电式混合动力公交车为例，单车购置成本约为 100 万元。在国家补贴 20 万元之后，购置成本约为 80 万元。同类型传统燃油车辆的购置成本约为 55 万元，两者存在 25 万元的价格差。2017—2020 年除燃料电池汽车以外，其他新能源车型补助标准将逐年退坡，可能会导致车辆购置成本逐年增加。建议对推广使用新能源车辆的城市公交企业给予更高的补贴。

合肥市新能源公交车推广应用情况

刘 勤

合肥公交集团有限公司 部长

一、合肥公交集团新能源汽车推广情况

1. 新能源车辆情况

合肥公交集团2010年1月23日将30辆12米安凯纯电动车投放在18路公交线试运营,该条线路中部分车辆在没有更换电池的情况下最高行驶里程达32万公里。2011年4月起合肥公交集团陆续投入10米、12米纯电动及插电式混合动力车辆。至今,合肥公交集团新能源车辆数达到1110辆,全部为安凯汽车股份有限公司生产,其中纯电动车辆860辆,插电式混合动力车辆250辆(含增程式混合动力车辆100辆),占营运车辆总数的30%以上。新能源车辆累计行驶里程9883.89万公里,相当于替代柴油约2957.74万升,减少二氧化碳排放12.62万吨左右。

创新新能源车辆购置方式,采用"裸车购置,电池租赁",较好地解决了电池续航里程不足与衰减等因素给公交运营带来的影响。2014年后,采用"分项(车辆和电池)报价,分期支付,分类保修"的方式,所购新能源车辆电动机、电池和电控系统质保期延长至8年,8年内由整车制造企业与电池生产企业对该部分进行维修,减轻了公交集团后顾之忧。

2. 充电设施情况

合肥公交集团共有已建、在建(含扩建)充电站 28 座,共 535 个直流充电桩,全部建成后可以满足现有纯电动公交车的充电需求。充电设施建设和运营分为以下三种方式:

(1)充电站由电池生产厂家投资建设,并进行维护运营,不收服务费;

(2)充电站由国家电网投资建设,并进行维护运营,按照合肥市物价局核定的 0.53 元/千瓦时收取充电服务费;

(3)充电站由政府投资建设,通过服务外包方式运营维护,经公开招标由中国普天公司运营维护,充电服务费按照中标价 0.129 元/千瓦时支付。

以上充电站均建在公交场站或首末站内(图 1)(包含公交集团自有土地和县区政府提供的协议用地)。

图 1　公交场站内充电站

3. 新能源车辆营运组织及运行保障情况

(1)营运组织情况。

结合纯电动公交车充电时间较长的特点,运行初期采用“一人一车一个班”的方案。第二批纯电动公交车(150 辆)投入使用后大多穿插分配在线路上,一般按每天每辆车单班运行,直接担任分班或独班任务。部分线路还采用“补电”方式运行,以克服续驶里程短不足以完成营运计划的问题。2013—2014 年购置的纯电动车辆续驶里程逐步达到 250 公里左右,空调开启状态下续驶里程约 200 公里,可满足中短线路全天的使用需求。在客流量大、里程长的路线仍安排部分纯电动公交车作为分班运营。

(2)运行维护保障情况。

在推广初期,由合肥公交集团牵头车辆生产企业、电池生产企业成立联合维护组,负责运营车辆高压部分、控制系统以及动力电池的日常维护、技术支持和数据收集等工作。参照相关法规和标准，结合实际运营使用情况，组织相关工程技术人员编制新能源汽车维护工艺规范和安全操作规程，按照规范对操作人员进行专项培训，其中，电工必须取得高压交流电工操作证，确保新能源车辆正常的维护。按照质保要求，新能源车辆的高压部分、控制系统由车企负责维护，动力电池部分由电池企业维护，公交企业负责车辆传统部分的维护，并负责对相关维护工作的检查和监督。

4. 新能源车辆营运补贴考核办法执行情况及相关措施

根据燃油补贴（以下简称油补）新政策，2015 年 1 月 1 日起新增新能源车辆可享受营运补贴，合肥公交符合申报条件的新能源车辆数为 483 辆。其中，因年运营里程数不足不能享受营运补贴的车辆数为 338 辆（175 辆为 2015 年 12 月底上牌，难以达到里程要求），实际获得营运补贴的新能源车辆数为 145 辆。对照油补新政补贴标准及里程数按月计入考核的规定，测算可获得营运补贴为 540 万元。

根据 2015 年新能源车申报公里情况进行测算，因里程数不足（年 3 万公里或月均 2500 公里）未获营运补贴车辆 163 辆（已剔除 2015 年 12 月底新增新能源车 175 辆），少获营运补贴 594.67 万元。

针对以上问题，合肥公交集团采取了以下措施：

（1）2016 年，对新能源车辆制定并实行运营考核办法，对新能源车辆分别按照月度、季度、年度等方式进行考核（新增新能源车辆按照当年实际上牌次月进行月度考核），考核办法旨在利用经济杠杆推进新能源车的使用，争取达到年度 3 万公里考核标准。

（2）新增新能源车辆尽可能在当月上旬上牌，根据油补新政计算发现规律（实际运营天数除以 30 四舍五入折算成月），每月上旬上牌的新能源车辆可多享受一个月的营运补贴。

（3）规范上牌入户后车辆档案管理工作，车辆入户时，安排相关人员对车辆登记证（正页、副页）、行驶证、购置发票进行扫描，并对车辆登记证信息及时整理，编写车辆信息台账（车牌号、入户时间、发动机号、车架号、车辆型号、发动机型号、品牌、生产厂家、车长、排量、额定载客人数、排放标准等），以便年底补贴工作顺利开展。

二、车辆及使用方面存在的问题

1. 车辆续驶里程短

新型纯电动公交车续驶里程的理论值超过 250 公里，但常规使用过程中，纯电动公交车一次充电续驶里程约为 220 公里。正常情况下，剩余电量 SOC（荷电状态）达到

30%时，车辆需进场充电，难以满足公交车全天候运营需求（合肥公交集团现有线路车辆日均运营里程约为230公里）。在空调使用期，电能消耗更大，续驶里程更短。夏季为平常续驶里程的85%，冬季电池受外界温度的影响，续驶里程更短。

2. 车辆载客容量小

纯电动公交车因电池数量多，车辆车厢通道变窄，载客空间受到限制。据测算，10米纯电动公交车的载客量比传统同类公交车载客量减少15%～20%。

3. 充电设施

纯电动公交车的推广须以规划建设足够的充电设施为前提。合肥公交集团在用和在建的公交车充电站建设用地都选在现有的公交车维护场和首末站，占用了车辆停放区域，且方便性不高。建议将公交车充电设施建设纳入城市规划和国家电网规划，统筹资源，适度超前建设；对于规模大、充电车辆数多的充电站外线部分，建议采用双电源回路建设，以避免新能源车辆因长时间停电而影响营运，切实解决新能源公交车规模推广应用的后顾之忧。

4. 后台监控系统及车辆控制系统不完善

目前，智能充电技术尚不成熟，其可靠性、准确性不高；充电设施后台监控平台系统不完善，计量准确性不高，不利于企业能耗管理；车辆电控系统不成熟，稳定性不高，充电标准不统一。

5. 充电服务费费用高

目前国家电网按照大工业用电收取电费，服务费按照0.53元/千瓦时收取，服务费占能耗成本的43%，大幅增加了公交运营成本，建议降低服务费，执行统一电价（含充电服务费）。

三、相关建议

国家“十三五”规划中，明确了新能源汽车在国民经济和社会发展中的战略定位，但如何使新能源汽车推广工作做到有效、经济、适应性强，还需要政府、制造企业、运营企业等各方的共同努力，具体建议如下：

（1）综合新能源公交车辆实际运营需求和现阶段纯电动公交车“三电”（电动机、电控、电池）技术水平，建议以发展插电式混合动力（增程式）公交车为主，纯电动公交车为辅。随着“三电”技术水平的不断提升，再逐渐向纯电动公交车过渡，最终实现纯电动公交车的规模推广应用。

(2)车辆制造企业应注重车辆品质,切实提升整车性能及安全性,减少技术漏洞及质量缺陷,确保车辆运行安全;电池企业应注重提升电池安全性和持久性;充电设施生产制造企业应加快研发性能稳定、计量准确的一体化智能充电设施;行业应注重开发运用基于大数据技术的新能源车辆运行、充电一体化监测系统。

(3)完善现行运营补贴政策,补贴对象涵盖2015年以前投入运营的新能源车辆,让新能源汽车推广工作得到稳步推进。合肥公交集团2015年之前上牌并投入使用的新能源车辆共计642辆,按每辆车8万元的营运补贴折算,每年损失近5000万元。

(4)申报材料应简化流程,加强审计检查。2015年油补申报系统直到系统快关闭时才可进行批量录入,且批量上传附件的功能不可执行,给2015年油补工作带来了很大不便。建议2016年油补申报系统在开放前,能完成批量功能测试,提高上线工作效率。

金融助力公交产业良性发展及新能源推广

严会贵
平安国际融资租赁有限公司　总监

一、公交行业发展背景

1. 行业特征

公交行业可用七个字概括:“卖票,收钱,拿补贴”。公交行业具有四个突出的特点:

(1)半政府特征。

公交企业属于国企,而且是不能独立运营的国企,需要政府的支持,尤其地方政府的支持。

(2)半企业特征。

公交企业多为企业法人,很多运营机制还是按企业操作的。

(3)半现金流特征。

公交企业所得票款不属于市场化定价条件下的收益,导致企业收入和支出倒挂,企业现金流紧张。

(4)民生行业特征。

公交行业被纳入地方政府维稳考虑范畴,政府为百姓购置公交服务。

2. 公交行业产业链

公交行业产业链（图1）很简单，从零配件到整车厂再到公交公司，最后到市民用户。整车厂的现金流源头是公交公司，现在很多公交公司购车，多采用分期方式，这对整车厂，对整个产业链的影响非常大。这也是导致目前很多客车厂现金流紧张的根源所在。

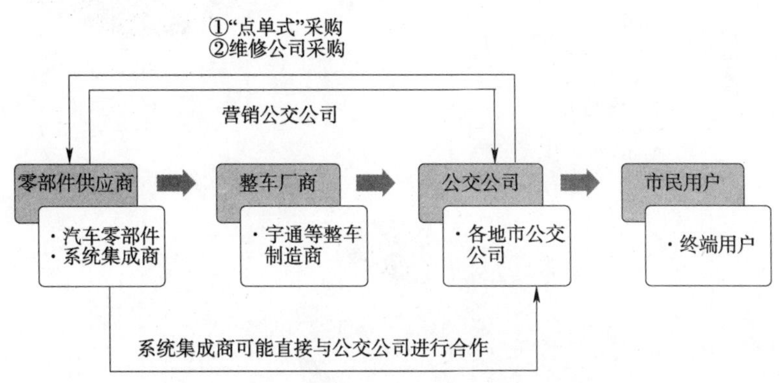

图1　公交产业链

二、公交行业融资现状

1. 样本分析

抽取40家公交公司，其中车辆保有量在500～1000辆的企业19家，如表1、图2所示；以分布在三、四线城市为主，一、二线城市有6家，约占总量的30%，如图3所示；所有权为国有的是35家，约占总量的75%，如图4所示。这一比例基本满足目前公交行业所有权的分布结构。

公交公司按车辆保有量分布情况　　表1

地区＼车辆保有量	500辆以下	500～1000辆	1000～2000辆	2000辆以上	合计
东北		1	1	1	3
华北	1	3	2	1	7
华中	3	4	5	1	8
华东	1	5	2	4	12
华南	2	2	1		5
西南	1	4			5

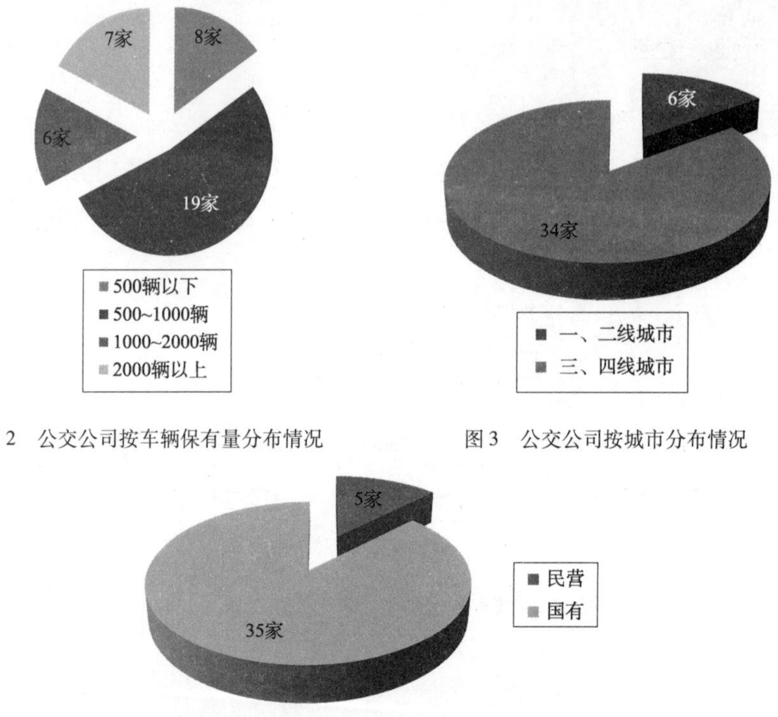

图2　公交公司按车辆保有量分布情况

图3　公交公司按城市分布情况

图4　公交公司按所有权分布情况

2. 特征分析

（1）资产负债率。

资产负债率高于100%的企业将近1/3，还有1/3的企业资产负债率在75%以上。当资产负债率高于80%，主流金融企业通常不愿意再提供融资（图5）。

（2）利润率。

公交公司总体利润率为负，如图6所示。从账面来讲，公交公司实际价值就是负利润，负利润的企业，金融机构一般也不会选择提供融资服务。

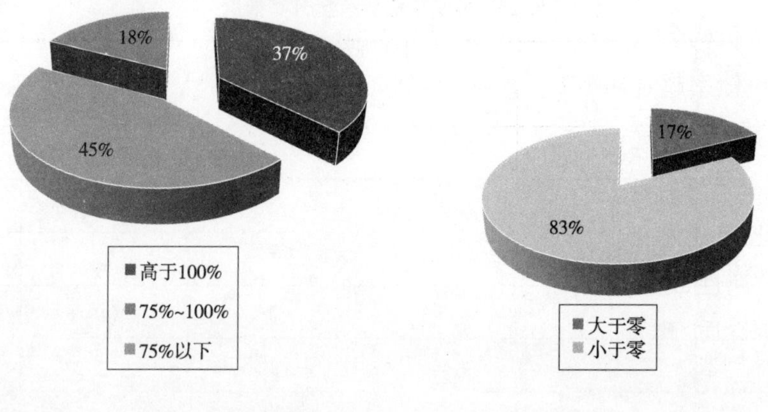

图5　公交公司资产负债率情况

图6　公交公司利润率情况

(3)融资方式。

在40家样本公交公司中,如图7所示:能从国有银行拿到贷款的公司只有7家;从地方商业银行贷款的公司有11家;采取员工集资的公司有6家,集中在经济发展水平稍微差一点的地区;融资租赁的有25家;账面上没有金融负债的公司大概有10家。

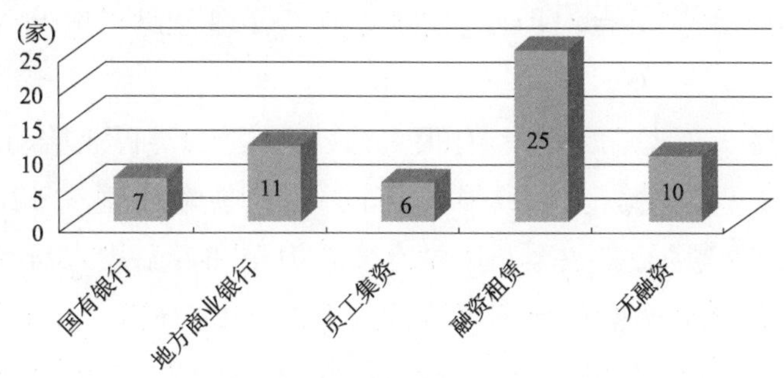

图7　公交公司融资方式情况

(4)资金用途。

公交公司的资金用途主要在流动资金上,例如员工工资和日常周转,而不是用于投资项目(图8)。所以,公交公司的投资不具有经济效益,只是形成负债。

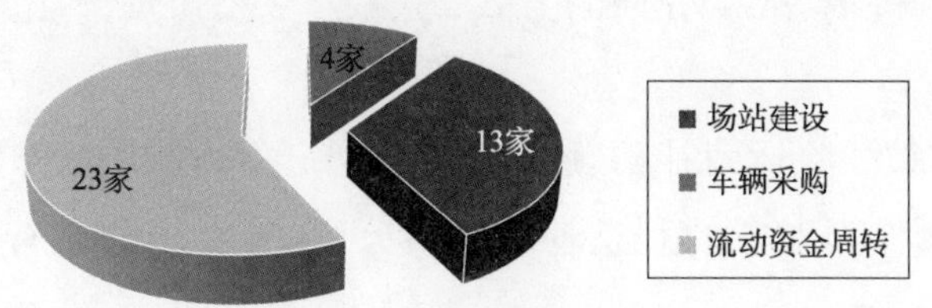

图8　公交公司资金用途统计

3. 优势与劣势

主流金融机构会把公交公司的劣势不断放大,例如资产负债率很高。有一半的公交公司资产负债率超过90%,从技术上来讲,净利润为负,公交公司已经破产,公交公司能用来担保的抵押物又比较有限,例如土地和房产抵押。唯一避免破产的办法,是说服地方融资平台或者上级主管部门来做政府担保。

公交行业的优势也非常明显:

(1)国有属性,地方政府给予补贴;

(2)民生性质,政府更加关注;

(3)公交优先,国家给予大力帮扶;

(4)特许经营,属于特许经营行业;

(5)经营稳定,无经济周期。

三、行业思考

(1)只有根植于公交产业的金融公司,才能开发出适合公交行业的金融产品。目前主流金融机构都转到融资平台,只有地方国有资产管理公司来担保,才会给公交企业融资。

(2)公交行业属于产业链的源头,有很大的社会责任,对行业推动有至关重要的作用。现在,购置公交车都属赊销,导致很多客车厂商负债率很高,有的在70%以上。客车厂利润微薄,现金流紧张,多数客车厂没有多余力量和资金投入研发,技术必然得不到提升。客车厂的困难必然会传导到产业链的上游,例如玻璃厂、轮胎厂等配件厂商。因此,通过在公交产业链源头注入方式,能够很好地促进产业链的良性发展,促使每个参与到这个产业链的主体都进行技术研发,达到真正推动新能源产业发展的作用。

四、建议

(1)在整个公交公司的招标过程中,从国家的角度鼓励用融资的方式进行招标。可采取融资租赁和银行按揭、减少分期的方式,缓解公交公司资金压力,促进新能源公交产业良性发展。

(2)细化补贴政策。除运营补贴、购车补贴以外,可以考虑融资补贴,甚至在补贴资金中,划拨出一部分,作为融资的利息补贴补给公交企业,把利息补贴与新能源推广状况结合。

济南市新能源公交车推广应用情况

石　军

济南市公共交通总公司　副总经理

截至2016年7月，济南市公共交通总公司(以下简称济南公交)共拥有公交车5151辆，运营线路241条，日均客运量约210万人次；已推广使用新能源公交车1234辆，其中：混合动力公交车713辆、双源无轨电车121辆、纯电动公交车400辆(占总车数的23.6%)。随着新能源公交车的推广使用，济南公交能源消费结构更趋合理，车辆节能水平不断提升。

一、新能源车辆推广应用情况

1. 混合动力新能源车使用情况

济南公交目前拥有混合动力新能源公交车713辆，其中插电式混合动力公交车213辆(2015年之后购买)，非插电式混合动力公交车500辆(2015年之前购买)，混合动力系统以伊顿混合动力系统为主，动力电池采用功率型锰系锂离子动力电池，整体运行可靠，充分发挥了制动能量回收、电动机驱动的优势。插电式混合动力公交车还使用了智能起停功能，与同级别车辆相比，节能率约为10%。

2. 双源无轨电车使用情况

济南公交现运行双源无轨电车共计 101 辆。在运行中实现了真正意义上的零排放,且具有脱线行驶功能。双源无轨电车与纯电动公交车相比,具有车辆利用率高、整车价格低、无充电时间损失等优势。根据实际运行数据统计测算,每辆双源无轨电车每年可替代燃油消耗 1.4 万升,节约能耗 8.53 吨标准煤,减少碳排放 21.27 吨,减少 PM2.5(细颗粒物)排放 18.27kg。

3. 纯电动车使用情况

2015 年至今,济南公交共计采购纯电动公交车 400 辆。因充电站建设较为滞后,首批纯电动公交车直到 2016 年 6 月才投入使用。纯电动公交车在使用中发挥了零排放、低噪声、驾驶舒适等优势,但也存在续驶里程短(尤其在空调开启状态下)、充电时间长、充电桩建设滞后等不足。

二、对新能源汽车政策的建议

1. 尽快出台清洁能源公交车运营补贴政策

在《关于完善城市公交车成品油价格补助政策 加快新能源汽车推广应用的通知》中提出"及时研究制订用气公交车支持政策",但该政策迟迟未出台。2012 年以来,济南公交积极响应《国务院关于印发节能与新能源汽车产业发展规划(2012—2020)的通知》,规模化应用清洁能源车辆,已采购清洁能源公交车 1225 辆,占车辆总数的 32%。清洁能源公交车以天然气(CNG、LNG)为燃料,排放清洁,节能环保,与纯电动公交车相比还有整车价格较低、技术成熟、安全可靠、环境适应能力强、车辆出勤率高等优点,即使在购置补贴不高(山东省补贴 3 万元/辆)的情况下,清洁能源公交车在全国公交领域也得到大规模推广。因清洁能源公交车不享受运营补贴且购置补助低,不但影响了公交企业推广使用清洁能源公交车的积极性,也对部分技术非常成熟的传统车辆部件生产厂家影响很大。建议尽快出台清洁能源公交车运营补贴政策,在大力发展新能源汽车的同时也推进清洁能源汽车的发展。

2. 加大财政扶持力度,引导双源无轨电车发展

发展新能源汽车的主要目的是推进车辆节能减排,减少大气污染,在制定财政补贴政策时也应向实际节能减排效果最好的车辆进行倾斜。与纯电动公交车相比,双源无轨电车减少了动力电池在生产及报废处理等过程中的资源消耗与环境污染,并且整车价格较低、车辆利用率高、技术成熟。在“十三五”期间，济南市规划了双源无轨电车代替 BRT 的发展策略。到 2020 年，济南市将建成 200 余公里的无轨电车线网，使用双源无轨电车数量将达到 1300 辆左右。建议双源无轨电车在满足“单位载质量能量消耗量”标准的情况下取消续驶里程限制，能够给予纯电动公交车最高购置及运营补贴。

3. 对 2015 年之前的非插电式混合动力车给予运营补贴

根据《关于完善城市公交车成品油价格补助政策　加快新能源汽车推广应用的通知》，目前只对 2015 年 1 月 1 日之后采购的新能源公交车进行运营补助，而 2015 年之前公交企业推广的新能源汽车主力车型——非插电式混合动力公交车却不在补助范围之内。非插电式混合动力公交车属于节能与新能源车范畴，在实际使用中，与插电式混合动力公交车在节能效果上也相差无几。建议对新能源汽车概念的认定应保持连续性，将 2015 年之前运营的非插电式混合动力公交车纳入新能源汽车运营补助范围。

4. 加大对气电混合动力车运营补贴力度

目前，插电式混合动力公交车分为油电混合动力公交车与气电混合动力公交车。如果每年运营 3 万公里，两者均可得到 4 万元/年的运营补贴，同时，油电混合动力公交车购置成本要低于气电混合动力公交车（发动机与供气系统相比，油电混合动力公交车比 CNG 气电混合动力公交车低约 4 万元，比 LNG 气电混合动力公交车低约 5 万元）。近年来，随着油价降低，燃油成本也低于天然气成本，从成本角度核算，购买油电混合动力公交车更为经济。建议加大对气电混合动力公交车运营补贴力度，使其成本低于油电混合动力公交车，提高公交企业使用清洁能源的积极性。

5. 区别对待新能源车采购后闲置的情况

2015 年，济南公交积极响应国家政策，加快推进新能源公交车发展，并同步推进充电基础设施建设，但因当地配套政策不完善、协调推进难度大等原因，充电基础设施建设进度严重滞后。

充电站建设分两种模式，第一种模式是自建自营，第二种模式是国家电网在已有公交场站内建设。2015 年 9 月，济南公交启动了充电站的建设，申请充电设施报装，但至今自建的充电站都未建成。报装手续十分繁杂，其中，外线接入受阻，因国家电网的外线接入处于满负荷运行状态，不能进行报装，致使建设进度缓慢。济南公交现已建成的 3 个充电站，每个充电站有 8 个充电桩，均属于小型充电站，且全部由国家电网建设。

近期获悉，国家新能源汽车推广应用督查报告中对新能源汽车采购后大量闲置的现象提出了“违规谋补”的概念。建议对公交企业因充电基础设施建设滞后造成新能源汽车未及时投入使用的现象能够区别对待。

6. 对纯电动车按实际运行里程进行运营补贴

《新能源公交车推广应用考核办法(试行)》提出"申请运营补助资金的新能源公交车和非插电式混合动力公交车年度运营里程应不低于3万公里(含3万公里)"。目前,纯电动公交车在使用中存在续驶里程短(尤其空调开启状态下)、充电时间长、车辆利用率低、充电站建设滞后等一系列问题,达到年运营3万公里的目标存在一定困难。如果达不到运营里程目标,将面临拿不到运营补贴的情况,这将加大纯电动公交车使用成本,同时也会降低公交企业推广纯电动公交车的积极性,不利于纯电动公交车的大规模推广。建议纯电动公交车如果年运营里程不足3万公里,其运营补贴按照当年度的实际运行里程与3万公里的百分比来确定。

充电基础设施在公交领域推广应用情况

宋小凤
普天新能源有限责任公司　副经理

普天新能源有限责任公司（以下简称普天新能源）从事全国充电基础设施建设和运营已有6年。目前，在全国建设充电设施超过1200处，服务车辆超过23000辆，其中，在公交领域服务车辆将近5000辆，覆盖深圳、青岛、合肥、株洲等多个城市。

一、公交充电设施建设商业模式

公交充电设施的商业模式，主要分为两类，一类是公交企业自建充电设施，另外一类是由专业运营商建设充电设施。

公交企业自建充电设施模式是基于公交企业和车厂的合作，大部分车厂采用“卖车送桩”的方式。从运营商的角度来说，充电桩的建设成本仅为充电基础设施建设投资中的一小部分，电力报装、建设以及后期运营，需要大量资金投入。公交公司关注更多的是车辆运营，对充电设施的运营维护较为陌生。如果公交企业自建充电设施，可能很难建立一个完善的充电运营安全体系，而运营商的业务侧重点就在于建设专业的充电设施，提供安全有效的充电运营服务。

二、公交充电服务智能化安全管理

公交规模化运营和推广中的最大问题,就是安全。在公共服务领域,安全是第一要务。普天新能源有五级智能安全监控模式,拥有完善的智能化安全运营管理体系,包括车辆运行、充电桩状态、场站监控、远程平台管理以及整体运维组织。以深圳市为例,由于服务车辆数较多,每个月都会遇到一些存在安全隐患的小事故(车辆冒烟、车辆单体电压过高等),依靠智能平台进行监控可以做到及时发现并排除。

贵阳市新能源公交车推广应用情况

刘开贵

贵阳市公共交通(集团)有限公司　副总经理

一、新能源公交车应用情况

1. 新能源公交车规模

贵阳市公共交通(集团)有限公司(以下简称贵州公交)现有运营车辆 2783 辆,其中混合动力车辆数为 223 辆,占总量的 8%;新能源增程式混合动力车辆数为 306 辆,占总量的 11%;纯电动公交车数量为 17 辆,占总量的 0.6%。

2. 车辆构型

贵阳公交采用“三电”统一模式,均由中车时代提供。车辆遇到问题时,只需协调一家企业来解决。原来的模式则需要分别协调电池、电动机、电控三家企业,效率较低。

3. 新能源公交车推广效果

实际统计数据显示,在同线路、同车型的前提下,与传统燃油公交车相比,混合动力公交车的燃料成本节约 10% 左右;增程式混合动力公交车(不充电状态下)节能达到

18%；小区纯电动公交车节能45.82%。同时，新能源车辆行驶噪声小，运行平顺，乘客乘坐舒适性提升；采用无级变速器，车辆易于驾驶，驾驶员劳动强度降低，提高了驾驶员岗位吸引力。

二、存在的问题

（1）在山区、坡道等地段，新能源公交车因动力不足出现爬坡困难；电控技术集成度和可靠性有待提升；动力电池不能满足公交车辆续驶里程的需要和发车间隔的要求，导致公交车营运效率下降。

（2）电池能量密度低，车载电池体积过大、过重，挤占载客空间，导致运力下降，且电池寿命短，正常使用3年左右需更换电池，导致运营成本较高。

（3）公交场站面积严重缺乏，公交停车入场率仅约40%，加大了在公交场站建设充电设施的难度，而充电设施建设位置远离公交场站又会导致车辆空驶里程增加。

（4）地方财政支持力度不足。目前，贵阳市已出台的新能源推广政策仅有购车补助一项，按中央财政补贴的50%进行地方购置补贴。地方没有营运补贴，而充电站建设奖励和电价优惠等相关政策还在制订当中。充电站建设手续烦琐，周期较长。目前，无充电站可为插电式（增程式）混合动力车辆提供充电服务，导致节能减排效果大打折扣。

三、建议

（1）加大新能源公交车购置和运营补贴力度，提高政策落地时效性。

（2）尽快落实充电基础设施建设补贴、土地规划等相关政策，实行电价优惠倾斜政策，引导企业以用电替代燃油消耗，以实现节能减排目标。

（3）新能源公交车电池、电控技术的局限性以及应用配套环境设施不完善，制约公交车推广效果。公交行业存在诸如CNG、LNG清洁燃料公交车的客观使用需求，建议对清洁能源车辆也给予一定的政策性补助，保存政策延续性。

常州市新能源公交车推广应用情况

朱向军

常州市公共交通集团公司　副总经理

一、常州公交[1]新能源车辆应用现状

常州市新能源车辆购置情况

2013 年，常州公交投入使用 10 辆插电式混合动力公交车，其中油电、气电混合动力公交车各 5 辆；2014 年，再次投入使用 80 辆气电插电式混合动力公交车和 50 辆油电插电式混合动力公交车；2015 年，继续投入使用 46 辆气电插电式混合动力公交车和 70 辆纯电动公交车。

二、存在问题

（1）省级财政补贴和地方财政补贴资金拨款不及时，申请补贴流程相对烦琐，造成使用成本增加。

（2）新能源车辆安全可靠性不高。为确保安全可靠运行，额外投入的配套安全保护

[1]“常州公交”为常州市公共交通总公司的简称。

设施成本过高,例如:电池保护装置每台成本约 15 万元。

(3)纯电动车辆续驶里程短,不能满足运营需求;动力电池使用寿命与车辆有效使用周期不匹配。

三、意见建议

(1)细化中央、省级和地方各级补贴政策,严格把关,简化审批流程,使补贴及时到位,确保政策有效落地。

(2)制定新能源相关政策时要充分考虑政策的连续性和长远性。政策一旦变动或缺乏连续性,会给公交企业的决策带来困难。例如,调整 6 ~ 8 米新能源公交车的购置补贴金额。而该车型在二三线城市的需求量很大,比 10 ~ 12 米的大型公交车更适用于地铁接驳。

(3)提高新能源车辆关键零部件的安全可靠性和质保期限。

(4)政府要合理规划充电站建设布局,各部门要大力配合。江苏省出台了充电建设相关要求,但实施效果不理想。常州公交购置了 70 辆纯电动公交车,已投入运行的仅有 14 辆,其原因在于充电站设施尚未建成。充电站建设不仅速度明显滞后,而且布局与运营线路不匹配。在充电站建设期间,公交企业跟国家电网沟通存在困难,因此,在充电站建设问题上还需要政府层面的统筹和协调。

(5)纯电动车辆续驶里程短。常州公交纯电动公交车单车年均运营里程约 1.5 万公里,离年运营里程 3 万公里的要求存在现实差距。

(6)在节电技术创新方面,建立零部件厂家的奖励机制。纯电动公交车实际运营时能耗、电耗较大。纯电动公交车理论运行耗电量为 0.7 千瓦时/公里,但实际运行能耗值远大于理论值,尤其是夏季开空调时,耗电量超过 1 千瓦时/公里。纯电动公交车所有设备运行的能量均来源于电力,包括电动机、电控、空调等系统,车辆自身耗电量相当大,其中,空调耗电量可达到整车耗电量的 25% 左右。建议通过对先进节电技术进行奖励,鼓励零部件企业通过提高节电技术,降低车辆自身耗电量,提高电能向车辆动能的转化效率。

南昌市新能源公交车推广应用情况

谢先海

南昌公交运输集团有限责任公司　副总经理

一、基本情况

2015 年,南昌公交运输集团有限责任公司(以下简称南昌公交)共购置公交车辆 356 辆,其中新能源汽车 208 辆,占总购车比重的 58.43%;2016 年上半年,共购置新能源车辆 284 辆,占总购车比重的 35.9%。

实际运营数据显示:油电混合动力新能源车辆较常规 11 米燃油车辆节省燃料 11.67%;气电混合动力新能源车辆较常规 11 米燃气车辆节省燃料 17.03%。

二、问题现状

(1)新能源车辆较常规车辆故障点增多,故障率也有所增加,新能源汽车购置费用和维修费用高于传统车辆。

(2)目前电池技术水平有限,电池容量衰减率远超过 3 年内衰减率不超过 15% 的标准,导致纯电动车辆总体续驶里程较短,不能满足公交车辆正常营运需求,若再次购置电池,将加大使用成本。

(3)新能源车辆特别是纯电动车辆,因配置大容量电池,自重较传统车辆显著增加,一定程度上影响新能源车辆节能效果。

(4)充电设施标准不统一,充电服务系统和车辆电池管理系统不兼容、不匹配,导致车辆充电中出现断电甚至无法充电的问题。

三、发展措施

(1)将配套设施的建设规划与城市规划相结合,根据城市实际客运量情况,合理规划线路,保证相关配套设施的利用率。

(2)逐步建立完善新能源车运行安全管理制度、维护制度、能源消耗管理制度。

(3)加强工作人员的岗前技术培训工作,开展对驾驶员、维修人员及管理人员的理论与实践知识培训,提高其专业技术水平。通过不间断的培训,促使员工能正确使用和维护新能源公交车辆。

(4)密切和收集关注国内外新能源车辆发展、生产、使用、推广动态,及时调整和完善新能源车辆使用和管理方法。

四、相关建议

(1)实施积极的财政补贴政策,缓解因采购成本过高给企业带来的巨大压力。

(2)统一充电服务系统的主要技术参数,促进充电服务规范化、标准化。

(3)改革完善城市公交能源价格补贴政策,加大对新能源汽车的运营补贴。

(4)加大对新能源汽车的技术支持力度,特别是对新能源汽车电池技术的改进和研发,提高电池使用寿命。

天津市新能源公交车推广应用情况

张亚光

天津市公共交通集团(控股)有限公司　副总经理

一、天津公交[1]新能源车辆情况

天津公交从2012年开始发展纯电动公交车,遵循“宜充则充、宜换则换”的原则,因地制宜发展换电车辆和直充车辆,并适时发展插电式混合动力公交车。截至2016年6月,已有新能源公交车2100辆,其中纯电动公交车846辆,插电式混合动力公交车1255辆。其中,纯电动公交车有换电模式和直充模式两种,新能源车辆占车辆总数的20%。纯电动公交车的电池为磷酸铁锂电池,电池品牌包含比亚迪、力神、ATL和万象。纯电动公交车配置高,采用无级变速器,降低了驾驶员劳动强度,保证了驾驶员车辆驾驶安全和乘坐的舒适性;其低噪声、运行平稳舒适和零排放的特点,得到了广大乘客的一致好评。

二、换电公交车推广应用情况

1. 换电站建设

天津公交有换电式纯电动公交车170辆,可在两个换电站进行换电。2012年,天津

[1]“天津公交”为天津市公共交通集团(控股)有限公司的简称。

第一座换电站——海泰换电站正式建成,由国网天津电力公司、天津公交和力神电池三方合作示范运营。同年8月,首批40辆换电式纯电动公交车投入示范运行。运营初期问题不断,在投入了大量的人力、物力和精力逐步完善后,最终达到正常运行,截至目前,电池衰减率约为20%。为保证车辆正常运营,天津公交与力神电池签署电池更换协议,当电池衰减超过20%,须对电池进行更换。2014年,天津第二座换电站——富力津门湖换电站正式建成。换电服务用电池由力神电池提供,电量为300安培小时。正常运行工况下,电池更换周期约为100公里(线路运营2圈)。

2. 现存问题

换电式纯电动公交车在特殊天气情况下,不能全天候运行。冬季极冷天气条件下,车辆问题增加,电池储能下降。空调制热耗电量加大,续驶里程缩短,导致单车换电频率翻倍,换电站服务能力不足。换电等候时间过长(通常等候1~2小时),进而导致运营间隔加大,乘客投诉较多,只能靠增加车辆配比的方式来缓解运营需求。此外,换电式纯电动公交车在雨季报警次数显著增多,影响运营。

换电站投资过高,一个换电站投资超过1亿元。同时,换电站运行成本居高不下。天津换电式纯电动公交车用电成本为3.8元/千瓦时,其中包括换电服务费0.8元,电费0.9元以及电池租赁费2.1元。

天津公交注重岗前培训工作,所有驾驶员均须持证上岗,防控措施得当。首批换电或纯电动公交车已投入示范运行4年,单车行驶里程超过20万公里,整体运行稳定,尚未发生大型安全事故。换电站后台监控系统对车辆和电池情况实时监控,保证纯电动公交车运行安全,尚未发现信息缺失现象。电池与车辆分离的模式易于电池维护,减缓电池衰减速度,可提高电池使用寿命,但换电模式需多方配合完成,协调工作存在困难。

三、直充式纯电动公交车推广应用情况

2014年,天津公交开始批量投入运行直充式纯电动公交车,以12米金马比亚迪为主。采用比亚迪生产的磷酸铁锂电池,电量为324千瓦时,采用白天运行,夜晚波谷电价时段慢充充电模式,4~5个小时充满电。经实际运营测算,开空调情况下,车辆续驶里程超过200公里,基本满足天津公交使用要求,整体运行情况良好。2015年,天津公交又引进3辆宇通7米纯电动公交车试验运行,车辆机动灵活,耗电量不高,适合支线使用,之后又续订52辆此款车辆投入运营。

四、充电站建设情况

天津公交与国网天津电力公司签订充电站建设合作协议,充换电站由国网负责建

设，并负责为公交车充电，公交企业按季度向电力公司结算电费，电费包括基础电费和服务费。充电站全部建在公交场站，但是建设用地存在困难，而且充电站建设启动程序多，尚无法完全满足充电需要，制约着纯电动公交车的推广。2015 年，天津公交购置 550 多辆纯电动公交车，目前投入运行的仅为 200 多辆，主要原因在于计划在 13 个场站完成的充电桩建设，至今仅完成 6 个，只能满足 200 辆纯电动公交车的充电需求。

五、存在的不足

新能源汽车产业尚处于起步发展阶段，各项技术还在完善中，电池质量还不能保证百分百安全，在使用中存在安全隐患，可能产生火灾、爆炸等事故，新能源公交车动力电池应注重品质，注重安全性、可靠性和实用性；纯电动公交车目前车价较高，电池比能量低、续航里程短、运行效率低，尚无法较好地满足公交运营的业务需求；“三电”系统管理技术有待提高，目前会经常出现系统故障错误提示，对驾驶员和后台管理者产生误导；而整车制造企业对车辆关键技术进行保密，技术路线不统一，配件贵，维修费用高，出现故障都要“停工待料”，维修周期长。

六、政策支持

(1)现行城市公交车成品油价格补助中的涨价补助以 2013 年作基数，逐年递减。此政策一定程度上降低了燃油公交车发展速度，为新能源公交车带来了发展契机。

(2)《新能源公交车推广应用考核办法(试行)》(交运发〔2015〕164 号)规定 2015—2019 年新增及更换的公交车中新能源公交车比重以及单车年运行里程标准。现阶段充电站建设滞后和建设用地短缺制约了纯电动公交车的使用。建议细化运营补贴标准，按照运营里程长度进行补贴，形成“多运营，多补贴”的鼓励机制。

(3)插电式混合动力公交车不充电的情况下与传统混合动力公交车节油效果相当，而且插电式混合动力公交车上大部分电池长期处于闲置状态，电池性能大幅降低，存在安全隐患，即使进行充电运行，节油效果也不明显，插电式混合动力车型更适用于小型车辆。

发展新能源汽车要做好顶层设计，离不开政府引导、政策支持，政策的连续性、科学性和合理性至关重要，电池的安全性、可靠性和续航能力非常重要，做到车辆电池有监控，使用才能放心，而切实提升车辆续驶能力，降低车辆及运营成本，才能满足公交行业的实际使用需求。

南京市新能源公交车推广应用情况

常　青
南京公共交通(集团)有限公司　主任

一、新能源公交车推广应用概况

南京公共交通(集团)有限公司(以下简称南京公交)于2014—2015年,连续两年购置新能源公交车1870辆(其中:比亚迪K9、K9F型车辆950辆,金龙插电式混合动力公交车870辆、换电式纯电动公交车50辆)。截至目前,南京公交在用车辆总数为7484辆,其中,新能源车辆占车辆总数的24.98%;非插电式混合动力车50辆(为2014年新增,2015年后再未投放)。

二、充电桩建设情况

2016年上半年,南京公交为配套比亚迪K9、K9F型纯电动公交车,分别在位于雨花、沙洲、杨庄等多处停车场内建设共计939个充电桩;为配套南京金龙纯电动公交车,分别在位于紫金明珠、白下高新园、灵山等公交线路终点站建设共计222个充电桩;为配套南京金龙换电公交车,建设换电站2个(南河换电站、能源换电站)。

三、电费情况

充电式公交车电费成本0.67元/千瓦时,换电式公交车电费成本1.97元/千瓦时。

充电式公交车 2015 年电费成本 2820.4 万元，换电式公交车 2015 年电费成本 322.2 万元。

四、应用中存在的问题

1. 续驶里程短

以南京金龙换电式公交车为例，续驶里程不足 100 公里，在运营班次、路牌的编排上易造成混乱；而以比亚迪新能源公交车为例，春秋两季续驶里程可以达到 200 公里，但仍不能满足公交车辆一天 300 公里的双班运营里程要求，只能作为单班车辆使用。

2. 配套设施有待同步完善

（1）充电设施建设滞后。

因充电设施建设滞后，导致有近一半 2015 年购置的新能源公交车辆，于 2016 年才投入运营。

（2）现有设施有待完善。

对于目前使用较多的“刷卡充电”模式，驾驶员反映在管理和使用中操作不便；单车充电识别后，单车充电量的记录差异较大，无法实现单车充电计量，单车能源消耗无法准确核算；而充电桩计量表与电表之间存在差异，且差值、误差率不恒定，跳跃性大，最大误差近 50%；智能识别充电桩在识别车辆的过程中，会引起充电桩之间的相互干扰，导致充电“跳枪”现象，充电可靠性差；不同厂家的插电式新能源公交车存在不同充电标准，充电设施不能通用互换，不仅影响充电桩的使用效率，也影响车辆使用。

青岛市新能源公交车推广应用情况

于 飞
青岛公交集团有限责任公司 处长

2008 年,国家电网公司赠送青岛公交集团(以下简称青岛公交)4 辆纯电动公交车,虽然运行效果不理想,但运营中积累了丰富的经验。2011 年,青岛市借鉴上海世博会模式开始推广应用换电式纯电动公交车辆。至今,青岛公交共有纯电动公交车辆 640 辆,其中 380 辆为换电式纯电动公交车,分别在 5 座换电站换电;另外 260 辆车为直充式纯电动公交车,纯电动车辆数占集团公司营运车辆总数的 14%。

我们认为交运发〔2015〕164 号文件和财建〔2015〕159 号文件(以下简称文件)的实施,在新能源公交车推广过程中起到很大的作用,调动了地方政府推广新能源车辆的积极性,起到了很好的引导发展趋势作用。

政策建议

1. 进一步扩大运营补助范围

建议新能源公交车辆的运营补助应涵盖 2015 年 1 月 1 日之前符合标准的车辆。青岛公交自 2011 年开始推广应用换电模式的纯电动公交车辆,在国内起到了很好的示范效果,但根据文件要求这部分车辆无法享受新能源公交车辆的运营补助。2013—2014

年更新的公交车辆后续还需运行 6 ~ 8 年，这部分车辆相对于近年来生产的车辆，技术相对落后，故障率高，零配件供应紧张且价格高昂，部分关键零部件已陆续超出质保期限，如果无法取得运营补助，企业负担加重，成本压力较大。

2. 均衡考虑，合理设置常规车辆的补助退坡幅度

由于换电式纯电动公交车辆电池容量配置较低（每车大约 160 千瓦时），车辆续驶里程较短，对公交营运调度系统提出很大考验，直充式纯电动公交车比传统公交车用车量增加 30%。如果整个车队全部更新为纯电动车辆，进场停车问题无法解决，就青岛当前停车状况而言，个别车队即使配备夜间调车充电岗位，也无空间挪动车辆。

此外，纯电动公交车在运行中受很多客观条件限制，如极寒或极高温天气、涉水深度等。例如今年南方洪水就导致多个城市纯电动公交车辆停运。因此，在一段时间内，为保证营运需要，配备一定数量常规或混合动力车辆作为备用很有必要。文件提出“逐年降低城市公交车成品油价格补助”，如果对常规公交车补助退坡幅度太大，可能会影响城市公交运营保障。

3. 加大双源无轨电车补助力度

对无轨电车线网架设给予补助。相对于当前纯电动车辆，双源无轨电车可以在运行过程中进行充电，车辆带电池量少，经济环保，灵活方便，安全可靠；车辆充电设施建设不占用停车位，还可在高架桥下建设；在整流站建设和运营维护方面，公交集团拥有丰富的经验。因此建议加大对双源无轨电车的补助力度，同时取消或降低补助中对双源无轨电车续驶里程限制。希望能够对双源无轨电车线网架设进行资金补助，引导良性发展。

4. 小型车辆补助比例要相对合理，便于协调发展

近几年各地 10 米及以上纯电动车辆发展较快，主流干线车辆趋向饱和，各地对 10 米以下车型的需求量增加。大城市地铁接驳线路、微循环线路对小型车辆需求增加，中小城市也存在小型车辆需求问题。对小型车辆的购车补助比例将进行调整，但建议运营补助还要结合燃料消耗比例合理设置补助标准，以引导各地合理调配车型，便于公交企业组织营运生产，降低运营成本。

国家在新能源车辆推广方面应保持政策连续性和稳定性，以利于产业良性发展。

石家庄市新能源公交车推广应用情况

于新泉

石家庄市公共交通总公司　总经济师

一、石家庄公交[1]概况

石家庄公交现有公交车辆4712辆，其中：柴油车199辆，天然气车3611辆，纯电动车902辆。日客运量140万人次，日运营里程近55万公里，有228条公交线路，线路总长度3806公里。

二、石家庄公交新能源车推广情况

石家庄公交2013年更新非插电式天然气混合动力公交车22辆；2015年更新公交车496辆，其中新能源纯电动车386辆，占比77.82%；2016年上半年更新公交车514辆，全部是纯电动车。

三、新能源公交车使用情况

石家庄公交与珠海光通汽车有限公司于2014年3月签署了900辆纯电动公交车采

[1]"石家庄公交"为石家庄市公共交通总公司的简称。

购合同，由于充电站刚开始建设，车辆的投运速度滞后于充电站的建设速度，导致纯电动公交车投运延期，在2015年2月投运25辆，2015年5月投运75辆，直到2016年6月900辆纯电动公交车才全部投运。由整车制造厂商投资建设充电站32座，充电桩198个。纯电动公交车平均电耗每公里1.2千瓦时，平均电价1.3元/千瓦时（含电费0.7元/千瓦时和充电服务费0.6元/千瓦时）。

纯电动公交车的投运，有效地降低了驾驶员的劳动强度，平稳的加速和较低的噪声得到市民认可，车辆零排放运行为城市大气环境改善做出贡献。

四、关于159号、164号文件的相关问题

1.159号文件相关问题

（1）提出“建立鼓励新能源公交车应用、限制燃油公交车增长的新机制”，但文件并未明确限制天然气车的使用。

（2）提出“统筹兼顾，突出重点。统筹考虑城市用油、用气、新能源等公交车一定期限内购置及运营成本，调整现行成品油价格补贴政策，加大对新能源公交车支持力度，及时研究制订用气公交车支持政策”，但相关支持政策尚未出台。

（3）提出“城市公交车补助问题由地方政府通过增加财政补助、调整运价等方式予以解决，确保公交行业稳定”，但现阶段地方政府尚未明晰公交成本严重倒挂问题，未出台公交亏损补贴和票制、票价调整相关机制与政策。

2.164号文件相关问题

164号文件提出：“新能源公交车生产企业作为产品质量的责任主体，要建立质量安全责任制，确保新能源公交车安全运行。对出现故障的车辆及时维修处理，做好技术保障，对于发现的重大产品质量和安全问题，及时启动应急救援预案，并上报工业和信息化部。”全国已有多地的电动公交车发生火灾等事故，但没有见到相关政策落地的报道，对于推广电动公交车的用户没有起到警示和预防作用。

五、公交目前面临的困难

（1）公交停车场站用地紧张，并且公交场站规划并未列入城市发展规划，对新能源车充电站建设带来巨大压力。

（2）很多城市未建立规范、统一的公交成本核算、补贴核算的机制和办法。公交需体现公益性，但大批的债务无法偿还，使公交企业走入恶性循环。

(3)纯电动公交车价格居高不下,且价格不透明,极大增加了公交企业的成本负担,不利于纯电动公交车的推广应用。就技术进步而言,用户是产品的使用者,用户对产品质量和安全方面的建议有利于生产企业不断改善和提高产品质量水平,但目前"店大欺客"的现象较为严重。

六、建议

(1)建立充换电站的建设标准和安全评价指标,目前没有相关标准规范作为依据,也没有相关的检查、验收规范流程与主体责任单位,存在较大的安全隐患。

(2)明确纯电动公交车的安全涉水深度标准,雨季道路积水时,对新能源公交车运营安全带来风险,并且极易引起乘客不满。

(3)建立直流充电表的计量标准,现阶段没有相关标准,也没有定期校对,这对公交企业成本核算带来困难,易引起各类纠纷。

武汉市新能源公交车推广应用情况

龚 瀛

武汉市公共交通集团有限责任公司 副部长

一、2015 年新能源车的推广应用情况

2015 年，武汉公共交通集团有限责任公司(以下简称武汉公交)更新和新增新能源公交车 1207 辆，其中纯电动公交车 805 辆，占全年更新和新增车数的 66.7%。

新能源公交车车型结构：12 米级 345 辆，8 米级 360 辆，6 米级 100 辆。

二、营运车辆应用现状

武汉公交现有营运车辆 8221 辆，其中柴油车 4269 辆，天然气车 2167 辆，无轨电车 155 辆，混合动力车 624 辆，新能源车 1006 辆。

2012 年以前，武汉公交主要应用混合动力车，全部采用非插电式混合动力车型。从 2014 年开始，武汉公交逐步推广应用双源无轨电车(在线充)201 辆，2015 年新增 805 辆纯电动公交车，并新建充电场站 37 个，配置充电桩 900 个。

三、存在的问题

(1)公交企业自有场站资源匮乏,在第一批推广应用后,现有 37 个场站已全部建充电桩,后续推广会受到无场地建桩的限制。

(2)新能源车的续驶里程总体较短,尤其在夏天此问题更加突出,无法完全满足实际运营需求。

(3)充电桩充电能力与车辆充电需求不配套,充电时间长,补电慢。

(4)电池自身特性和安装位置对车辆的全天候使用有较大限制,会造成新能源车"三不能跑":天冷充不进电不能跑、天热电池高温保护不能跑、下雨积水不能跑。

四、建议

(1)建议不论使用年限,凡属新能源车范畴的车辆都应给予运营补贴。

(2)不同车型续驶里程不同,不同车型每天的计划运营里程不同,用 3 万公里的年行驶里程标准一刀切,部分车型因达不到标准而拿不到运营补贴。建议按实际行驶里程数占行驶里程标准的比例发放运营补贴。

(3)新能源车的"三电"配置和控制部分应设统一标准,不同生产厂家价格和质量可不同,但接口和功能应相同,不同厂家的产品应具有互换性。否则,由于生产厂家经营的不确定性,会对车辆 8 年质保产生影响。

(4)新能源车的推广应用中,在资金扶持政策下,亦应有其他相关政策的扶持,方便新能源车充电设施建设项目的快速推进。

总结发言

余　坤

交通运输部运输服务司城乡客运处

第一,关于今年油补下拨时间问题。因为2016年是油补调整实施的第一年,与往年的审核发放流程有所不同,增加了新能源车推广应用上报审核环节,需要由财政部驻当地的专员办事处提供相应的反馈资料进行上报,中间的协调工作和相关数据的报送工作增加,进而延长了审核时间;同时,今年是第一次实行新能源汽车数据报送工作,多方机构在协调、衔接、沟通上还存在一定困难,进而导致补助发放时间延后。

第二,关于清洁能源扶持政策的问题。159号文件中提出制订用气公交车支持政策,交通运输部也一直在为此政策的出台进行多方沟通。在调研中发现,特别是西北部地区,超过80%的车辆都是清洁能源车辆,清洁能源车补贴暂停后,对公交企业的运营带来很大影响。该项政策是由财政部牵头制定的,交通运输部会进一步跟财政部就此问题进行沟通,尽快完善相关政策。

总结发言

胡剑平

中国道路运输协会城市客运分会　副理事长

第一,公交领域有一个非常好的资源一直没有利用起来,就是过去的无轨电车线网。国际公交联盟一直强力推荐新能源公交车要充分利用过去已有的基础设施;美国公交联盟明确推荐,通过充分利用过去已有的线网和扩充完善已有线网,来支撑现在新能源车的发展。现在的技术已经将无轨电车脱线运营里程占总运营里程的比例从10%～20%提升到50%。建议交通运输部结合国家政策,将线网建设纳入到补贴范畴。目前全国有17个城市有架空线网,北京已规划了2000公里线网,上海、广州、武汉也有线网资源,如果可以把传统线网充分利用起来,能够非常有效地解决公交充电问题。

第二,注重新能源公交安全问题。建议制定问题车辆召回机制,对问题及时发现、及时处理,避免造成大规模事故。制定问题企业负面清单,将存在严重质量问题、安全隐患以及有违规记录的企业信息向社会公示,起到社会监督作用。

第三,建议出台安全强制标准。新能源客车必须强制安装推拉式应急窗,提高乘客事故逃生速度。

出租与分时租赁分会

发言专家

赵　宇

范永跃

窦　刚

马　瑾

黄　群

何永安

郭　鹏

吴晓核

许国朋

王德贵

张永伟

（按发言顺序收录）

新业态下出租汽车运营新的模式

赵 宇

北汽新能源营销公司大客户部 副总监

充换兼容式纯电动出租汽车(图1,表1)可以解决现在新能源出租汽车遇到的痛点,包括:充电时间长、续驶里程短等。同时,这种模式承载着新能源汽车企业的社会责任,也是企业综合实力的体现。

图1 北汽 EU220 充换兼容式纯电动出租汽车

充换兼容模式的特点主要有以下四方面。

1. 新

产品新,“换电 + 充电”模式减少了对续驶里程短的担忧;系统新,智能换电云平台,一键实现大数据管理,其中包括一键式换电,从车进入换电站到结算出站不超过 3 分钟;模式新,资源整合、利益共享、多方共赢,整合社会资源,包括土地和资金资源,共同完成新业态发展。

北汽 EU220 充换兼容式纯电动出租汽车技术参数 表 1

<table>
<tr><td rowspan="5">整车参数</td><td colspan="2">长×宽×高(毫米)</td><td>4582/1794/1515</td></tr>
<tr><td colspan="2">轴距(毫米)</td><td>2650</td></tr>
<tr><td colspan="2">整备质量(千克)</td><td>2030</td></tr>
<tr><td colspan="2">最高车速(公里/小时)</td><td>140</td></tr>
<tr><td colspan="2">续驶里程(公里)</td><td>≥220</td></tr>
<tr><td rowspan="2">电动机</td><td colspan="2">电动机类型</td><td>永磁同步</td></tr>
<tr><td colspan="2">功率(千瓦)</td><td>50/90</td></tr>
<tr><td rowspan="2">电池</td><td colspan="2">电芯类型</td><td>三元锂</td></tr>
<tr><td colspan="2">可用电量(千瓦时)</td><td>37.8</td></tr>
<tr><td>充电时间</td><td colspan="3">快充 1 小时可充至 80% 电量,慢充 6 小时充满</td></tr>
<tr><td>标准价格(万元)</td><td>23.98</td><td>国家补贴(万元)</td><td>4.5</td></tr>
<tr><td>销售指导价格(万元)</td><td>14.98</td><td>北京地方补贴(万元)</td><td>4.5</td></tr>
<tr><td>百公里耗电(千瓦时)</td><td>17.2</td><td>百公里使用成本(元)</td><td>24</td></tr>
<tr><td>使用成本对比</td><td colspan="3">每行驶 100 公里节省 32 元,按全年行驶 60000 公里测算,可节省 19200 元左右,6 年累计节省 10 万元以上</td></tr>
<tr><td>维护成本对比</td><td colspan="3">单次维护成本平均 200 元左右,相比燃油车节省 600 ~ 800 元</td></tr>
</table>

2. 快

速度快,3 分钟快速实现换电,全球领先;技术快,包括专利技术在内的四项关键技术全球领先;保障快,可以通过手机 APP 预约,就近换电,实现高效管理。

3. 合

资源聚合,包括技术、场地、车辆资源聚合;利益聚合,利益众享模式“你出场地我建站”,可以是合作方式或承租方式;供需聚合,一体化换电运营服务,聚合供需双方,完成共享。

4. 联

手机联网,手机远程电量查询、充电控制;车网互联,通过向监控中心上传运营数据,实现车辆管理数据化;机网互联,实现公共充电站位置和使用率情况查询,最大限度提高效率。

“互联网+共享出行”分时租赁革新出行方式

范永跃

GreenGo 绿狗租车　副总经理

一、分时租赁发展背景

分享经济、共享汽车是全球的话题。现在人力资源紧张、环境污染、城市拥堵这三大问题急需解决，全球都在关注，那么怎么来解决？答案是共享经济。对比北京和东京的交通现状，北京和东京的城市交通需求相近，均为 800 万辆左右，高峰时可能达到 1000 万辆。东京高峰时段也拥堵，但没有北京严重，原因在于东京公共交通分担率高，约为 90%，而北京只有 45%。大众传统的思维是要追求个人拥有，这造就了现在的局面，停车位极度紧张，而汽车的有效利用率却很低，北京的汽车有效利用率仅为 32%。近几年兴起了轻资产、轻生活的新观念和从“拥有”到“持有”的新思维。

二、国外分时租赁起源及发展

国外分时租赁发展较早，主要集中在欧美地区，1948 年，瑞士最早发展了分时租赁，当时没有互联网，采用手工传递方式；2000 年，美国 Zipcar 投入运营，现在运营情况不错，已被收购上市；2008 年，德国 car2go 投入运营；2011 年，法国 Autolib 投入运营。

分时租赁做得比较好的是德国和法国,法国 Autolib 预计从 2017 年开始盈利。法国巴黎市区的面积与北京市石景山区面积相近,有 2650 辆电动租赁车,1000 个充电站,5500 个充电接口,10 万活跃会员。德国和法国政府对分时租赁支持力度非常大,法国政府为 Autolib 提供部分价格优惠的场地,甚至部分土地免费提供给运营企业,同时每年每辆车享受政府 3000 欧元补助;而德国在网点、场地、车位和运营方面都有补贴,并修改法律,要求每个小区必须为分时租赁提供低价停车位,德国人口十万以上的城市都有汽车分时租赁业务。这种新模式有效填补了公共交通覆盖盲点和部分人群的特定需求。

三、分时租赁的意义

分时租赁的意义主要体现在六个方面:提高车辆使用率,减少停车位资源占用;节能减排;促进新能源汽车推广应用,由于分时租赁车辆是多网点、高密度的充电,推广进度比电动私家车更快;拉动充电基础设施建设;构建城市智能交通体系;实现按需用车、便捷出行的目的,降低出行成本。

四、绿狗租车

绿狗租车(以下简称绿狗)拥有汽车 2300 辆,分布在 4 个城市,以北京为主。业务主要有三个方面:B2C、B2B、B2G。

1. 八大平台

绿狗八大平台包括预约服务、电量管理、充电站运营平台等。通过 APP 可以了解车辆状态,包括车辆位置、充电情况等信息(图 1)。

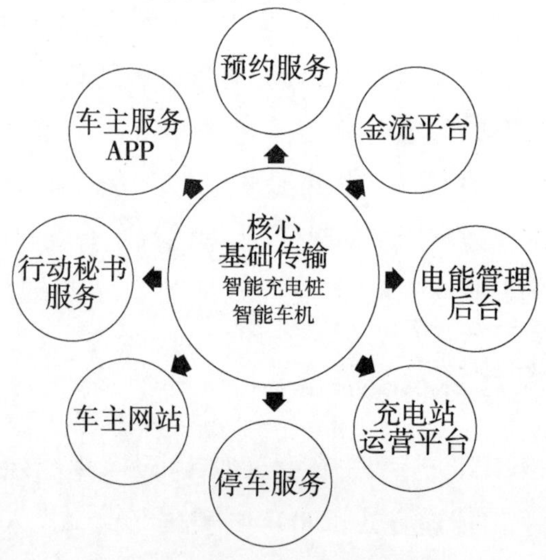

图 1　云端平台架构及功能管理

2. 租赁产品

租赁产品包括分时租赁和长期租赁(图2)。分时租赁包含分钟租、时租、日租、夜租、周租、月租、季租、半年租和年租共9种方式,在计费方式上主要以小时为单位,也可按分钟计费,目前主要为时租(占比30%)和日租(占比70%),夜租会有优惠套餐。

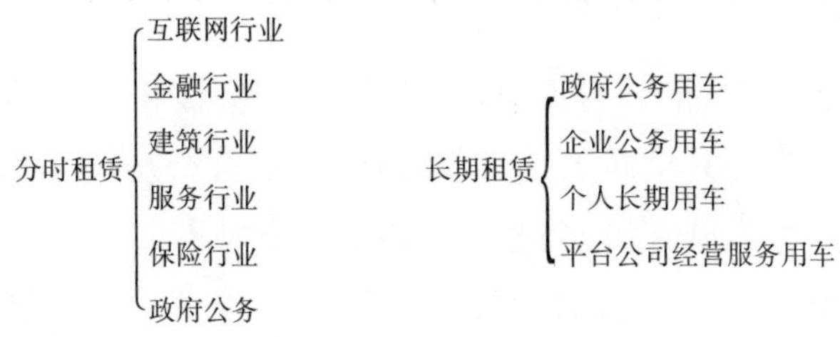

图2 分时租赁和长期租赁

3. 运营模式

法国Autolib公司采用异地租还模式,德国car2go公司采用即时租还模式。绿狗的主要网点可实现异地租还,未来将做到即时租还。目前在北京70个网点中,17个网点支持异地租还,异地租还受到很多方面因素的制约,包括有些物业之间不能互联互通,技术上不支持等。

分时租赁流程(图3)包括会员注册,手机下载APP后上传身份证、驾驶证,支付一千元押金,通过后台审验通过成为会员,可以通过APP提前两小时预约车辆,网点取车,开启使用,还车充电。分时租赁主要是自助式的,24小时无人值守,可以随时取车,避免人工租车受营业时间限制。

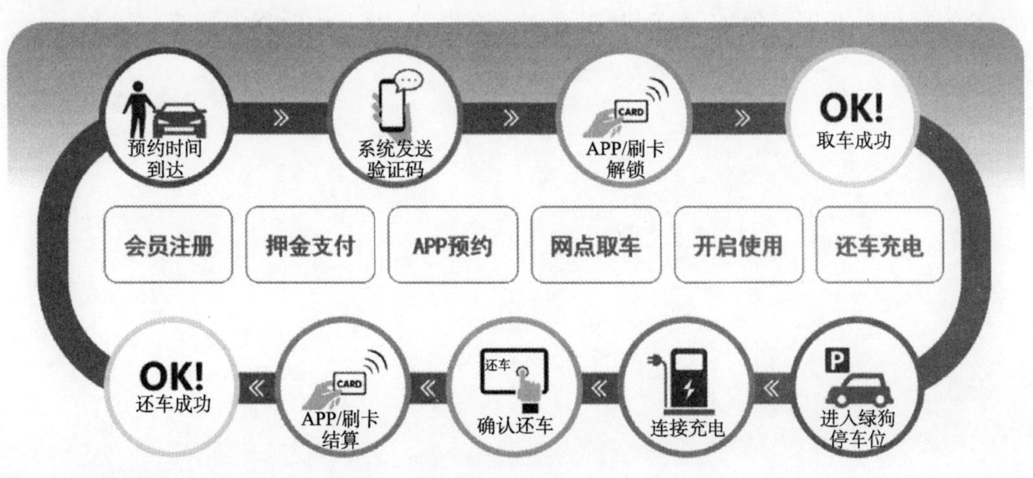

图3 租赁流程

目前绿狗注册会员人数10万，每月注册会员数呈递增模式，自有车辆3000辆，共100多个网点，其中，北京目前有70个网点，年底计划实现100个网点。北京在网点选址时最初设想是集中在城区密度高的地区设点，但遇到诸多困难，包括车位租金较高，地点不合适等。

五、新能源分时租赁的发展需要政策的进一步支持

(1)定位问题，分时租赁的属性是什么还不明确，应该将分时租赁纳入北京市公共交通领域进行管理，享受公共交通工具的购置补贴、运营补贴和专项补贴。目前做分时租赁的企业都有亏损，但长期亏损，会造成一些企业不堪重负。

(2)管理部门对新能源汽车分时租赁行业的扶持政策措施应聚焦，打造旗舰企业，在新能源车辆新增运营指标上给予政策倾斜。

(3)给予物流车营运资质，开拓新能源物流分时租赁的全新领域，打造绿色物流示范运营，切实缓解汽车尾气给环境带来的污染，据有关部门统计，1/3的环境污染来自物流车。电动物流车，买的时候不受影响，但是上路运营受影响，这是因为道路运输证难办，要一车一证，还要有通行证。

(4)推动与重点充电桩企业的合作共赢，搭建统一的充电结算平台，实现统一计费结算。绿狗运营之初自建充电桩400个，将来会采用共建、公建充电桩，而充电设施在标准上、技术上不统一，需要给客户准备很多张卡，造成很多麻烦。

(5)拓展融资租赁资质，以金融服务促进租赁业务的开展，为客户提供多样化产品选择。

(6)政府在网点建设上提供支持，提供一定数量的免费或低价停车位，便于分时租赁业务的规模性开展。例如，Autolib很多网点在路边，晚上用低谷电慢充。

北京市纯电动汽车分时租赁示范运营模式调研

窦　刚

北京市新能源汽车发展促进中心　博士

一、北京市新能源汽车的发展情况

北京市新能源汽车发展促进中心组织成立了"北京市新能源汽车联席会议办公室",由北京市科学技术委员会协调统筹全市新能源汽车政策制定和示范运营;坚持纯电驱动"零排放"技术路线;产业布局为"一园两基地",即:采育、房山、昌平;运营保障方面,制定了20多项标准,统一电动汽车标识;政策制定方面,发布实施公共领域和私人领域新能源汽车的相关鼓励政策。

截至2016年6月,北京市全市各领域累计示范应用新能源汽车4万余辆,全市建成各类充电桩将近3万个,其中公用充电桩6000余个,个人自用充电桩2万余个,专用充电桩3700个。充电服务费政策方面,设置充电服务费上限。发布居住地建桩标准,规定居住类建筑新能源车车位应占配建机动车停车位的18%。北京市新能源汽车发展促进中心联合市发改委出台了鼓励基础设施建设相关的管理办法,从2013年9月到2016年1月共发布政策12条。

为了促进纯电动汽车的发展和应用,北京市从多方面开展相关推进工作,积极推进基础设施建设管理运营,特别是推进形成市场化运营机制,针对纯电产业链推出一系列鼓励和补贴政策，重点支持以纯电为基础，零排放、零污染的车辆。目前北京市已形成了一整套政策体系，包括鼓励扶持纯电动汽车产业发展的政策。

二、北京市纯电动汽车分时租赁情况

纯电动汽车分时租赁有以下几个特点：分时共享、按需付费、全程自助、随借随还，有节能减排、降低出行成本等意义。2012 年 7 月，《国务院关于印发节能与新能源汽车产业发展规划（2012 — 2020 年）的通知》中提出支持电动汽车分时租赁业务发展。目前国内已有 10 余座城市推广电动汽车分时租赁，其中典型城市包括北京、杭州、上海等。

2013 年 5 月 20 日，清华科技园租赁网点成为北京市首个纯电动汽车分时租赁站点；2013 年 9 月，电动汽车“伙伴计划”校园行活动启动，在北京理工大学、北京交通大学、清华大学 3 所高校设立纯电动汽车分时租赁站点；2014 年 6 月，北京市政府正式印发《北京市电动汽车推广应用行动计划（2014—2017 年）》，明确要求加快推进电动汽车分时租赁示范应用，重点在科技园区、校园等区域，推动建设电动汽车分时租赁网络，构建城市多层次公共交通体系。

北京市对于企业申请使用纯电动汽车指标用于汽车租赁经营，在年度租赁小客车指标配置中给予优先配置，这两年运营指标完全资助于纯电动汽车。从 2013 年至今，3 年内北京市共为 101 家企业配置纯电动汽车租赁指标 7695 个。在纯电动租赁小客车上牌配置情况方面，截至目前，北京市上牌备案纯电动租赁小客车 8000 余辆。为配合公车改革，推进新能源汽车在公务领域示范应用，2015 年下半年在中央国家机关及北京市党政机关等政府机构启动了新能源分时租赁示范工程，从 2016 年年初至今已经为租赁网站配置了 1320 辆租赁车辆，同时在国家和市机关建立了 332 个网点，2432 个充电桩，拥有 1 万多个会员，截至 2016 年 5 月，共完成订单 1200 余个，行驶里程 70 余万公里。

北京市委托北京理工大学在西山建立运营服务保障平台，现在公交、出租汽车、环卫、物流等公共领域的车辆已全部接入。2016 年 7 月，市领导带队检查新能源汽车安全运营时提出：从今年（2016 年）年内开始，北京市租赁车辆也将完全纳入到电动汽车运营服务保障平台（以下简称平台）。平台全天候监控车辆的动力电池、电压、电流、温度等安全运营信息，同时平台还具有故障预警和大数据分析等功能。

三、北京市纯电动汽车租赁企业调研

北京市新能源汽车发展促进中心对北京市纯电动汽车租赁企业进行了调研。调研内容包括：运营车辆信息、运营数据信息、租赁网点规划布局、充电桩安装情况以及租赁企业运营信息化情况等。调研企业选择全市有代表性的十家租赁企业，已备案运营车辆共2400余辆，其中92.6%为北汽品牌车型，以EV150为主，占运营车辆的72.51%；车辆价格方面，价格10万以下车辆在购买车辆数量上处于绝对优势，占76.7%；租赁价格方面，目前北京分时租赁价格方案分为三类：时租价格≤25元，25元<时租价格≤35元，时租价格>35元。

国内出租汽车价格过低对分时租赁的模式起到一定的制约作用（表1）。以北京为例，其作为全国出租汽车收费最高的城市之一，相同运营里程下的出租汽车费用不足巴黎和纽约的一半，甚至仅为东京的五分之一。这使得新能源汽车电力消耗比燃油消耗成本低的优势难以显现，对消费价格敏感的消费者没有足够的租车动力，同时较低的定价上限使得分时租赁车企难以获利。

分析车辆行驶里程数据发现，纯电动车辆续驶里程达到200公里比较符合北京市民的出行要求。通过调研发现50%的市民每天出行里程不会超过50公里，90%的市民每天出行里程不会超过90公里。

在用户选择充电模式方面，目前企业的网点充电设施建设模式主要包括：自建、共建和公建，使用的充电桩以"公建"为主的租赁企业，占租赁企业总数的64%，以慢充作为主要充电方式的企业占租赁企业总数的55%。充电时间的选择一般有两种：一种是在用户归还车辆后将车辆连接到交流桩进行充电，另外一种是选择在夜间进行充电，快充作为紧急补电或临时补电之用，补电时间在1~2个小时。

国内外主要城市出租汽车和分时租赁价格对比 表1

类别＼城市	巴黎		纽约		东京		北京	
交通工具	出租汽车	Autolib	出租汽车	Zipcar	出租汽车	绿色交通基金会	出租汽车	GreenGo
起步价	18.3元	年费1000元	16元	年费96元	37元	—	13元	19元/小时(E150EV)
收费标准	7.9元/公里	70元/天 35元/半小时	8.1元/公里	77元/小时	15.6元/公里	15.6元/15分钟	2.3元/公里	0.88元/公里
市内长距离交通(30公里/45分钟)	240元	70元	243元	77元	474元	47元	93元	45元
市中心缓行(10公里/30分钟)	82元	35元	81元	77元	162元	32元	30元	27元

在运营率方面，从对运营率的统计及企业提供的数据中可以得到，纯电动汽车的分

时租赁频率及运营率呈现逐月上升态势，市场使用量的增加，为纯电动汽车的电池品质、管理以及行车监控等方面的验证和完善都提供了极具参考意义的数据。

在租赁网点布局方面，北京市统计的 13 家纯电动分时租赁企业共布局有 153 个网点，虽已具有一定规模，平均 12.75 个/区县，但网点布局不平衡。主要原因是：很多企业，特别是小企业，小规模在一个局部地区进行试点，且企业的选址地点，大多是倾向于人员流动量大、短时出行意愿比较集中的区域。

在租赁企业信息化方面，分时租赁企业应该拥有一个完整、智能化的操作系统，为车辆的监控和消费者的使用提供支撑。纯电动汽车分时租赁应该有自驾、自助、自有三大特点。

分时租赁应该具备一定的条件，包括消费条件、车辆条件、充电设施条件、政策体系、信用体系等。结合私家车出行停驶的情况，消费者日均出行距离情况，及消费者对纯电动汽车认同程度的调研情况，认为目前具备发展分时租赁条件，但大规模推广分时租赁还需时日。

在车辆条件方面，国外以两座车、整车定制化为主，杭州以两座车为主，续驶里程在 80 公里之内，北京主要以两厢和三厢车为主，多数是改装车，例如将车辆改装为无钥匙起动。纯电动汽车适宜分时出行，但目前北京可选车型少、无租赁定制版、智能化信息化功能少、统一的专业化租赁平台少。

在政策体系方面，国内需要进一步探索相关政策，完善鼓励分时租赁发展的政策体系。

在信用体系方面，国内需要建设完备的信用体系，以联盟形式共享信息资源，降低运营风险，免除消费押金，提高体验度。

通过对分时租赁阶段性发展及可行性预测分析（表 2），预计未来城市化车联网交通，会具备以下特征：从购车到出行，车辆小型化，实现车与车、车与物之间的无线连接，感知周围环境，自动驾驶，连接至智能电网等。

分时租赁阶段性发展及可行性预测 表2

发展阶段		发展特点	
短期发展	车辆一定程度上的自动驾驶和无线充电，在车辆前后无人阶段低速前行，解决车辆的入库和出库的问题。可以将租赁取车点和充电点完全分离，实现充电的自主管理	无线充电和自动泊车/出库	通过将原有车辆从传导式充电替换成无线充电，并辅助以自动停车，可以减少充电桩的配比，并根据用车的电量进行调整。客户只需要停在无线充电的线圈附近一些距离，即可实现车辆自动泊车至充电位并开启充电过程

续上表

发展阶段		发展特点	
中期发展	车辆更大程度上的自动驾驶功能,可以按照客户要求,将车辆配置到客户的位置,客户可以实现在一定范围内的还车	低速无人调度	通过图像和雷达的综合使用,实现低速自动行驶以后,可以实现车辆任意停放。车辆根据服务器端的需求,来配置车辆进入最近的租赁点或者进入无线充电模式
		较高速无人调度	进一步提高处理速度以后,可以实现车辆的需求响应。根据用户的实际需求,进行位置匹配,将车辆投送到用户所需要的位置上去
长期发展	车辆在达到无人驾驶的阶段,将使得分时租赁模式有非常广阔的空间。客户可以选择自己驾驶或者自动驾驶的模式	道路适应	这是最理想化的模式,根据需求响应,用户可选择自动驾驶模式和非自动驾驶模式,根据目的地规划路径,并根据系统的调配来匹配最合适的运营路线

四、电动汽车分时租赁存在问题分析

(1)分时租赁现阶段租赁车辆车型不丰富,车辆性能有待提高,存在无专用车型、续驶里程短、车辆残值低、车辆故障率高等问题。

(2)公共充电设施有待完善,缺乏互联互通。国家新的充电标准刚刚统一,老的充电桩有待于进一步更新。

(3)未规模化运营。租赁网点需要网络化,业务需要规模化。

(4)未实现盈利。车辆使用频率相对较低,购车成本比较高,网点建设成本、停车成本、人力成本以及推广成本都比较高。

(5)消费者认知度低。国外消费者对汽车共享的了解度是76%,国内消费者中,北京消费者了解度为70%,但全国消费者了解度的平均数只有11%左右。

五、发展电动汽车分时租赁的对策建议

1. 将分时租赁作为公共交通的重要补充进行重点支持

北京市新能源汽车发展促进中心在市长办公会和新能源汽车联席会上建议将分时租赁作为公共交通的重点补充支持,在公共交通整体规划和顶层设计中有所考虑,通过规划引导,加快充电设施网络化建设,探索停车费和停车位的优惠政策。

2. 租赁企业考评和租赁指标管理

北京市“十三五”充电设施规划中提到,截至2020年,社会公共领域里充电桩与车

辆比规划不低于1:7,配备6.5万个充电桩,在北京通州新城、亦庄、延庆这些地区的重点区域车辆充电半径小于0.9公里。在租赁企业考评和管理方面,北京市交通委员会运输管理局近期将出台纯电动分时租赁指标配置新办法,探索分时租赁指标的时效性。

3. 开发、引入适合车型

做到人、车、桩相结合,分时租赁企业计费单位“小型化”。

4. 充电设施相关问题

鼓励租赁车辆运营企业用多种模式建设专用和公用充电设施,租赁场地和租赁网点标识规范化。建立基于安全监控平台的租赁共享平台,加大宣传纯电动汽车分时租赁的力度。

“526汽车共享工程”汽车共享分时租赁第四方云平台

马　瑾

宝驾出行　副总裁

一、市场分析

1. 驾车出行共享市场

目前国内“有本无车族”超过2亿人，这是分时租赁主要服务对象，到2025年这个数字可能达到10亿人，分时租赁市场前景广阔。同时，“互联网＋便捷交通”被列为“互联网＋”战略的重要行动领域之一。分时租赁是共享经济环境下“互联网＋便捷交通”的具体体现，可以有效推动汽车行业供给侧改革。

“公交优化＋分时租赁”是一个趋势，不能将分时租赁简单地理解为新能源汽车推广的过渡手段，也不能将其简单定位为一种新型出行工具或出行方式，而需要立足于共享经济和信息化发展背景下，将分时租赁作为交通系统的补充，如果认为分时租赁就是为了消化新能源汽车，这是不成立的，应该扎实地把分时租赁做好。

2. 国内外发展情况

目前已开展分时租赁运营的国家有33个，我国国内发展相对较晚，用户规模达到了

450 万人，总车辆数超过 10 万辆，后发优势明显，在国内典型分时租赁运营企业已有近 10 家。

3. 分时租赁面临较大挑战

分时租赁面临许多挑战，亟须多方政策支持：

(1)服务站点建设滞后、覆盖率低，主要是停车位问题。

(2)停车位与充电桩资源未有效整合。不同的充电桩配套不同的充电卡，且彼此间不兼容、不通用，这给用户带来极大不便，也制约了分时租赁的发展。

(3)分时租赁商业模式有待创新。目前分时租赁商业模式各有差异，但基本上根据不同城市的特点进行组合，理论上现在没有一个商业模式能保证分时租赁高效且盈利。

(4)用户的教育成本高，许多车企从 2013 年开始从事分时租赁，但为什么到今天仍没有大的进展？因为对用户的教育成本非常高。

(5)行业规范标准缺失，缺乏相应的理论依据和配套政策。

(6)租赁车辆牌照问题有待规范，建议可仿照出租汽车管理模式，给分时租赁车辆提供专用的牌照资源。

二、宝驾出行的发展

宝驾出行于 2014 年成立，目前有 10 万辆共享车辆，覆盖 44 个城市，有 300 万注册用户。宝驾出行是唯一汽车共享开放平台，对分时租赁企业，充电桩运营、租赁企业和车企全面开放，可以通过接口进行连接。公司产品的定位是全智能分时租赁系统，有强大的技术支撑，自主研发智能硬件并开放给客户端。

截至 2016 年 4 月，宝驾出行 APP 独立用户有 281 万，日均独立用户有 7 万。平台共享车辆超过 10 万辆，其中以汽油车为主，累计行驶里程 9000 万公里，对车辆累计出租时间 75 万天，共享出租收益 11250 万元。

三、第四方云平台合作模式

1. 宝驾出行 526 汽车共享工程

宝驾出行 526 汽车共享工程采取汽车共享、共建、共赢的方式，核心是百城百站计划，即选择 100 个城市，每个城市平均建立 100 个汽车分时共享租赁站点，而北京、上海、广州和深圳计划建立 1000 个共享站点，目标是做世界上最大的驾车出行的分享网络，践行绿色出行，共建绿色城市。

2. 第四方云平台合作

(1)业务模式。

第四方云平台主要的业务模式分为分时租赁系统(SaaS)、租赁资源共享、平台能力开放和营销能力整合四部分。其中,SaaS 系统无须任何投资,只需按成交支付租赁费用,由宝驾出行提供系统支持;租赁资源共享包括网点、车辆、充电桩、车位等全社会的共享,整合各家资源,做到互联互通;平台能力开放是指电子钥匙能力开放、会员风险及租车能力数据开放、大数据分析能力开放和 Open ID 开放;营销能力整合是指联合营销服务方为汽车共享云客户提供最大化的营销资源和能力,以各种高性价比营销方式提升租赁运营效益。

(2)智能电子钥匙。

分时租赁汽车共享离不开车联网技术支持,车载智能硬件前期是购买,后期是研发。

(3)互联互通。

激活闲置时间段用车需求,为合作方带来价值,通过第四方云平台闲时导流,可为合作方带来 15% 的订单增量。

(4)风控协作与支持。

因骗租现象较多,租车业务离不开风险控制。2015 年 7 月 15 日宝驾出行做了一个平台发布式车辆系统,建立了风险防控体系,是全国租赁企业,租车人的征信平台,由宝驾出行做技术研发、维护,到现在平台已处理数据 300 多万条,用户包括租赁公司、租赁系统。

四、应用场景分析

宝驾出行有企业福利用车政策,目前与网易、58 同城、紫光集团等合作,主要为员工上下班及在班期间出去办事提供用车服务。旅游景区游客福利用车方面,因停车位不易获得,宝驾出行与各个旅游景点合作做最后一公里的分时租赁,跟当地租赁公司对接,做差异化运营。收费内容包括按时间(0.23 元/分钟)和里程(0.48 元/公里)两项。另特别推出夜间和团队旅游套餐,分别为 28 元/晚和 120 元/天。

城市充电设施公共服务管理平台

黄　群

中创三优(北京)科技有限公司　副总经理

一、北京市充电设施扶持政策

在新能源车自用领域,北京市出台了相关政策,针对车企,推行一车一桩的政策;针对充电桩进小区比较困难的情况,推行面向物业的相关政策。

(1)《北京市发展和改革委员会关于本市电动汽车充电服务收费有关问题的通知》对公共领域充电设施服务费价格进行明示,服务费上限每千瓦时收费不超过当日北京市 92 号汽油每升最高零售价的 15%。

(2)2015 年北京市发展和改革委员会(以下简称北京发改委)发布《北京市新能源小客车公用充电设施投资建设管理办法(试行)》,对公共充电设施可以提供最高不超过 30% 的建设补贴。

(3)推出了城市公共充电基础设施平台"e 充网"(以下简称平台)。

(4)配合北京发改委和北京市科学技术委员会制作充电设施分布指南,及时把充电设施分布的情况向消费者进行传递。

二、"e 充网"平台架构

2014 年 11 月,"e 充网"项目启动,建设重心转向"互联互通、实时交互、统一支付",致力于为私家车车主提供公共领域良好的充电体验,平台架构如图 1 所示。2016 年 1 月,"e 充网"平台正式上线,接入北京市全部公共充电设施,开始为电动车车主提供公共服务。

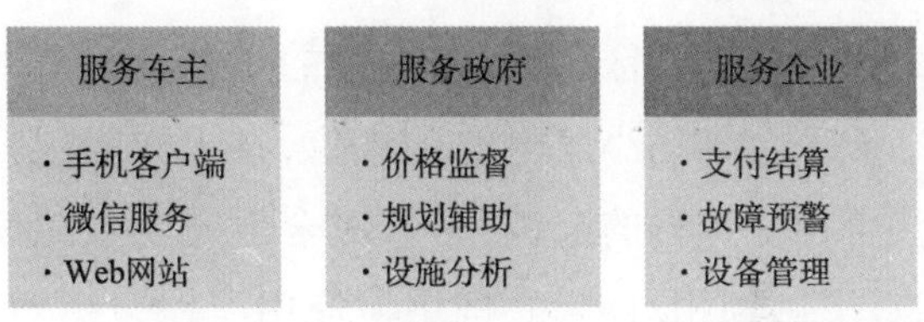

图 1　平台架构

1. 一个平台、三个系统

(1)一个平台。

针对大型运营商,例如国家电网、普天新能源有限责任公司等,进行平台对平台的对接,通过制定统一标准接口,快速实现数据导入,目的是跟所有的运营商建立一个互联互通的大数据平台,将服务整合起来,通过 APP 端给消费者提供便利的服务。

(2)三个系统。

应用客户端,面向广大消费者有应用客户端 APP。**决策支撑系统**,是平台的核心价值。面向政府提供决策支撑的数据系统,提供包括充电设施城市建设布局分析、场站运营状况分析等研究报告,为政府制定相关政策及管理办法提供有效数据支撑,同时为政府开放远程数据访问入口,帮助政府相关部门达到完善及健全城市充电设施合理布局的目的,并协助运营商按照国家标准及时升级充电设施硬件及软件的整体服务质量。**运营管理系统**,面向不具备管理平台能力的中小型充电设施运营商,目前开放平台已经接入 20 余家,平台可以为他们提供充电桩的托管、直连充电桩、线上支付等一系列解决方案。目前整个平台已经接入 5700 多个充电桩,在回传的数据信息中,车辆动态信息占 30%,支付信息占 20%。

(3)平台核心系统——数据决策支持系统。

数据决策支持系统(以下简称系统),对消费者每天充电时长、频次,包括时间节点进行统计,对整个城市充电设施的布局做一个任务图。在北京市的"十三五规划"中提到,到 2020 年充电桩的覆盖半径达到 5.9 公里。从长远来看,系统除了统计充电桩建设的数据之外，未来对充电桩的使用效率、动态变化的监测更为重要。系统可以通过实时监控，形成数据化分析，提供给政府决策部门，为整个城市规划提供帮助。

对消费者行为分析，平台目前累计有 4 万多用户，充电次数超过 7 万次，每次平均充电电量约 16 千瓦时，可以支持约 100 公里的出行需求。用户使用的高频时段集中在 14 时至 15 时。根据目前的分析，公共充电设施的使用用户绝大部分属于营运车辆，车辆一天充电1 ~2 次，14 时至 15 时是驾驶员交接班时间可进行补电休息，23 时又是一个充电高峰期。

目前北京市在大力推行电动社区，是面向小区的规划，对公共充电设施不足以进入小区的情况进行规划。未来会推动小区电源到车位，在小区内建公共充电设施，公司目前在积极参与和推动整个建设进程的监控，希望对全市充电设施使用情况做到实时、及时的了解，让平台上的数据做到相对准确，把用户使用习惯包括对平台的信任度建立起来，从而推动运营商的整体服务水平的提升。

APP 客户端(图 2)，可以接入动态信息数据，实现手机支付，通过 APP 扫描充电桩二维码，可以启停充电桩，实现包括支付宝、微信、银联的移动支付，希望通过这种方式打通各家运营商用电卡的壁垒和门槛。

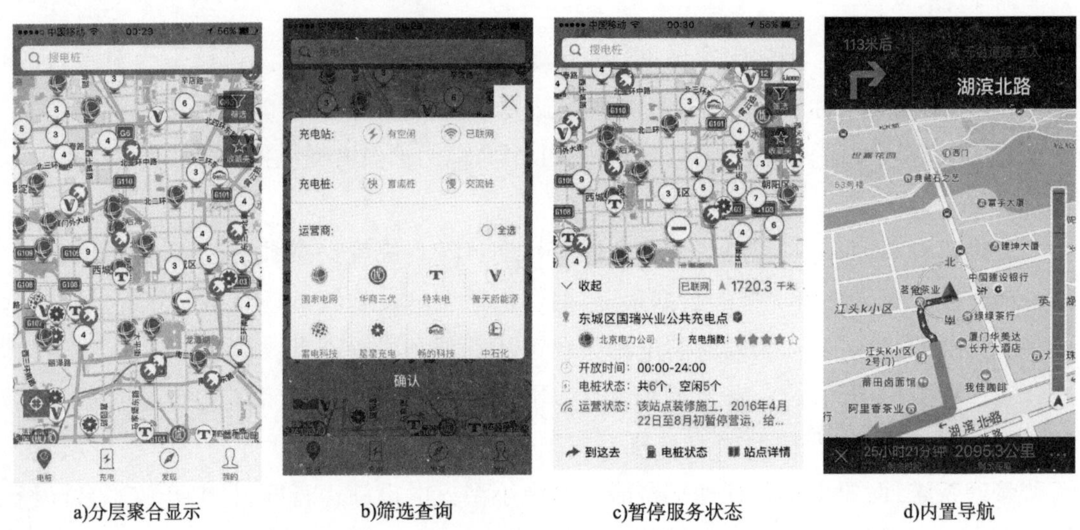

a)分层聚合显示　　b)筛选查询　　c)暂停服务状态　　d)内置导航

图 2　APP 客户端平台架构

“e 充网”目前已接入微信城市服务平台，是目前国内第一家接入到微信城市服务的平台。微信城市服务是面向政府级公共服务的入口，是政府指导下的一个城市服务平台，以通过微信中点击“钱包—城市服务—充电桩查询”，看到整个北京市充电设施的情况，通过微信扫二维码启停充电桩，大大降低用户使用门槛。“e 充网”已经实现面向众多运营商的互联互通，因此需要一个强大的支付体系支撑，有来自支付宝和微信支付的同事进行维护,目标就是对所有接入平台的充电设施和服务运营商实现“N+1”——日清日结、日清月结的结算服务,解除运营商对“e 充网”可能会做资金沉淀或者资金汇集等疑虑。

2. 支付体系

“e 充网”付体系如图 3 所示。

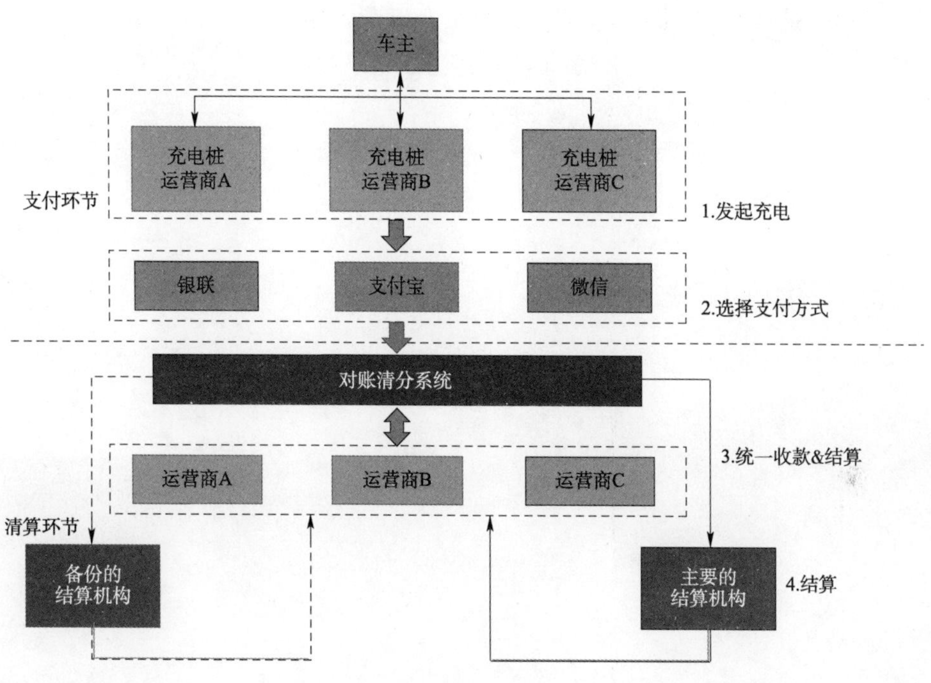

图 3　平台支付体系

3. 安全体系

“e 充网”软件产品安全开发体系如图 4 所示。

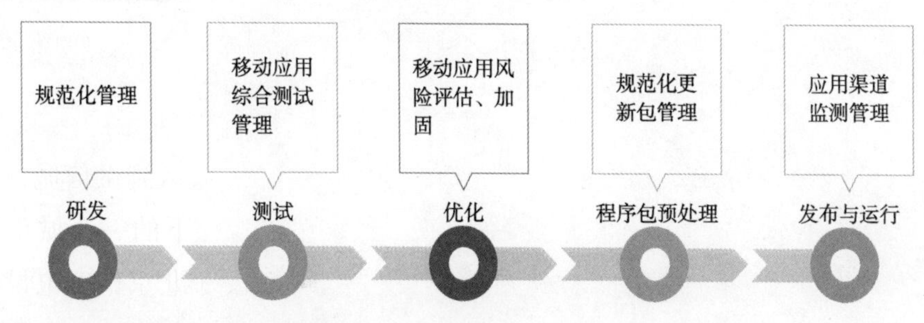

图 4　软件产品安全开发体系

三、分时租赁解决方案

2016 年以来,“e 充网”开始跟租赁企业对接,初衷是根据分时租赁企业作为集团客户充电不便捷的特点,通过 API 方式将平台开放给分时租赁企业,分时租赁企业将平台嵌入到自己的 APP 里,用户可在下单租赁过程中随时补电,也便于分时租赁企业员工晚上或者集中充电时通过集团企业账户直接经过手机扫二维码启停充电桩。目标是彻底解决一车多卡、充电难、对账难的问题,方便企业运营管理。

以投资者的角度浅谈我国分时租赁的发展现状

何永安

香港鼎益投资管理公司　执行董事

一、新能源汽车的四个应用领域

新能源汽车的四个主要应用领域分别是政府企事业单位、专用车(如物流车)、私人市场和公共服务。其中,唯一可能大规模推广应用的领域就是公共服务,主要是乘用车:出租汽车、租赁汽车。

二、换电模式不适用于电动出租汽车

新能源汽车用于出租汽车可行,但电动汽车安装大的电池不经济,安装小的电池需要频繁充电,快充是个难题,慢充又有时间的问题,所以做纯电动出租汽车前景并不好。

换电模式,宣传3分钟换电,通过调研发现,技术绝对没有问题,但是问题是换电站建设需要场地,要提高换电效率,换电站要有很大的吞吐能力。理论上服务于100辆纯电动出租汽车的动力电池换电场站需占地450平方米。如果北京所有出租汽车全部变成纯电动换电模式,估计要建4000个以上换电站,而北京对外公开运营的加油站才1000多个,且服务全市500万辆燃油车辆,规模性推广换电模式在北京土地资源紧缺的环境下是很难实现的。

三、关于分时租赁的几点看法

1. 分时租赁的定义

分时租赁不是快刀斩乱麻,整个环节都是线性联系的,每个环节都要涉及。充电是运营的问题,是模式的问题。现在做分时租赁都在模式化。

分时租赁定义是什么?抓住定义就抓住了根本。在短时间内完成客户和代租车辆之间法律关系和法律责任的转换,就是分时租赁。其实分时租赁和传统租赁没有什么本质的区别,租赁的核心问题是责任。现在都是一刀切,一开车门就形成了租赁关系,但是我认为租赁关系是一个曲线,不仅仅是开车门,可能一开车门觉得车况差,不租,这样也不能形成租赁关系。

2. 电动汽车租赁管理体系

自助、半自助电动汽车租赁管理系统,一定要管,不管这个车就是“放养”。分时租赁业务如果不管肯定不会好。现在整个社会文明程度达不到不管就可以的程度,如果能管好,成本就会下来,这也是一个促进新能源汽车发展的因素。

未来的城市交通出行

郭　鹏

戴姆勒智行中国有限公司　业务发展总监

一、car2go 公司简介

car2go 是整车制造企业的一个分时租赁项目，所属公司是戴姆勒股份公司（以下简称戴姆勒）。car2go 从 2009 年正式开始商业运营，已成功运营 7 年时间。汽车共享其实并不是戴姆勒首先提出的，戴姆勒在全球首先提出的是自由流动式的汽车共享，国内一般叫作分时租赁。戴姆勒要做汽车共享的背景是欧洲受到环境的影响，全球人口数量上升，城镇化不断扩大，但是土地面积不变，加剧了城市交通的拥堵和停车资源匮乏。所以汽车共享将成为未来出行的一种趋势，拥有汽车这一传统将不可持续，这在所有汽车厂商中已形成一种共识。

二、汽车共享成为趋势

汽车共享很简单，就是一个人用完车以后把钥匙交给另外一个人，由另外一个人继续使用，提高汽车利用效率。汽车共享有两种模式：固定站点式、自由流动式。目前大部分分时租赁采取的是固定站点式还取车，但 car2go 打破了这个模式，采用的是无固定站点式的还取车，没有门店，完全是自助使用，主要计费方式是按分钟收费。

三、汽车共享可以解决城市交通面临的挑战

美国伯克利可持续交通研究中心针对 car2go 发布了一组数据。因为 car2go 在北美是最大的汽车共享运营商，因此研究中心对北美的 car2go 进行了跟踪研究，发现 car2go 在北美运营几年来，car2go 会员中，总共减少了 2.8 万辆私家车出行，2% ~5% 的会员卖掉了汽车，7% ~10% 的会员决定不再购买汽车。也就是说汽车共享对社会，对交通来说最大的效率是减少私家车的出行以及延缓人们购买汽车的需求，这是汽车共享对城市交通最大的意义，目前在国内已经得到了政府学者和业内人士的共识。

四、car2go 发展概况

目前，car2go 是世界上最大的汽车共享系统，全球会员数量超过 130 万，运营车辆 1.4 万辆，遍布全球 30 个城市，平均每 1.4 秒就有一次租赁行为发生，已累计完成 5000 万次租赁。车队绝大部分采用 Smart 车型，现在车型投入越来越多元化，在德国柏林也投入了奔驰车型补充到车队。car2go 目前营运车辆以传统汽油车为主，但 car2go 是全球运营电动车最早的汽车公司，在全球 4 个城市运营电动车，占所有城市的 10%，包括荷兰阿姆斯特丹、美国圣地亚哥、比利时布鲁塞尔等，在运营电动车方面很有经验。

2016 年 4 月 15 日，car2go 在中国开展了第一个城市运营试点，选择了西部城市——重庆，重庆成为 car2go 在中国乃至整个亚太地区的第一个试点城市。目前运营区域覆盖面积 60 多平方公里，投入车辆 400 辆。car2go 在欧洲有很多年的运营经验，但是对中国的城市，对亚洲的城市来说是全新的探索，所以将来会跟更多有实力的公司合作，打造一个更开放的平台。

car2go 利用手机进行车辆的使用、预定、付费等一系列的程序。可以通过手机寻找身边最近的车辆，查看车辆距离、油量，完成预定，车门打开、锁车。因为运营的面积是根据车辆来确定的，所以要保证每平方公里有一定预留车辆，车队目前有 400 辆车，到年底会增加到 600 辆车，并逐渐扩大运营区域。未来会在重庆机场、火车站设置还取车点，方便会员在交通枢纽中往返。

car2go 计费方式很简单，在欧洲是按照时间进行计费。但考虑到中国，尤其是重庆的交通情况，在重庆采取了混合计费方式——综合里程与使用时间。在欧洲计费费用是 0.29 欧元/分钟，合人民币约 2 元/分钟，在重庆的费用相对比较便宜。通过亲身体验发现，在道路基本畅通，无严重拥堵的情况下，与打车费用相近，可能稍贵一点。当然这个费用包含了保险、加油、停车、押金，一次性付费，不再收取其他任何费用。

car2go 在重庆有两种停车点，在商圈人流集中的地方，会有固定的专属停车位，car2go 通过合作伙伴及其他一些方式获得在城市核心区、核心商圈的停车位。另外还有市政停车位，会员可以免费停放，公司向政府付停车费。car2go 在重庆上线 3 个月，超过 10 万人注册成为会员，400 辆车被租赁 4 万次，平均 1.7 分钟就有一次租用。

五、对汽车分时租赁的看法

car2go 公司认为汽车共享是公共交通的补充，是现在所有已有交通出行方式的一种补充，它具有一定公共属性，但是不能认为它是公共交通的一部分。它有一定特殊属性，具有非排他性，服务于一般人群的特殊需求，特殊人群的一般需求。通过国外运营经验发现，汽车分时租赁是一个商业的项目，所以建议政府在推动汽车共享、分时租赁行业发展时，更多提供给企业一些政策性支持，而不是在资金上的支持。分时租赁是一种特殊的出行需求，所以应该受市场支配，由市场来调节价格，决定发展方向。

从促进行业发展角度出发，政府可以提供一些支持。很多分时租赁企业面临停车难的问题，包括 car2go 在重庆也遇到这个问题。在德国的一些城市，政府会规划一些停车位，只给汽车共享的汽车来使用。政府要有明确定义到底什么样的企业可以使用这样的停车位，什么样的企业是真正的分时租赁企业。另外所有汽车租赁企业都会面临一个问题，就是违章处理的问题，因为中国有扣分机制，尤其对非现场执法车辆都是进行摄像头抓拍，处罚直接记在车上。分时租赁汽车流动性、自助性很强，所以会在车上产生大量的罚单。现在 car2go 在重庆运营 3 个月已经产生 1387 例交通违章，其中违章停车 1068 例，已处理 213 例，处理过程非常缓慢。政府可以研究制定一些针对租赁车辆违章处理简易的措施，最好的方式是把对车的违章转移到对人的违章处理上。

分时租赁的痛点及难点

吴晓核

有车（北京）新能源汽车租赁有限公司 总经理

一、分时租赁定位问题

作为分时租赁企业，首先要解决一个问题，就是分时租赁的定位问题。我认为分时租赁是公共交通领域里的一部分。

二、公共交通领域集约化

公共交通领域集约化，以北京市场为例，在集约化方面要做一些文章。北京市发放了7000个租赁牌照，根据目前对北京市场的评价，3000辆做分时租赁，其他4000辆在做长租的业务。这3000辆分时租赁牌照有20家企业，甚至更多企业在竞争、在运行。北京市有300多个网点，这些网点各自为政，不能互相共享。所以需要在集约化、资源政策指标分布方面进行聚焦。

三、加强用户教育

目前了解分时租赁的人很少，距离达到汽车共享的目的还很远，所以进行用户教育、市场培育,对于分时租赁整个行业的可持续发展有很重要的意义。

四、分时租赁目前的痛点

1. 车辆问题

做分时租赁需要什么样的车辆?有车(北京)新能源汽车租赁有限公司(以下简称有车)通过对后台数据的研究有一定了解。有车在做分时租赁之前,认为70%的用户是一人乘坐或者两人乘坐,运行时发现85%的用户是一人使用,最多乘坐两个人,所以需要小型化的车辆,在中国市场上很难找到适合分时租赁的车辆。车辆价格方面,同样10万元的车辆,燃油车和新能源车完全不是一个等级,所以车企在前期做市场培育时,车辆不能以规模化来定价,要更多地考虑到市场的培育。

2. 充电问题

分时租赁车辆应该是用户充电,但现在北京市场上都是运营企业在充电,为什么?因为充电难,要带不同的卡,不只是一个公司一张卡,而且还要一车一卡。公司工作人员去充电,刷完卡后不结算这张卡就不能给下一个车充电,所以要一车一卡,造成管理不便。

3. 管理平台问题

分时租赁行业需要一个管理的平台,用于信用体系的建设、网点之间共享以及金融方面的支撑,尤其对于一些新企业来说更加需要。要在整个分时租赁里面联合车企、运营商、政府、社会一起,推动新能源产业的发展。

电动汽车分时租赁的发展现状

许国朋
北京壹租科技有限公司　CEO

一、分时租赁定位问题

分时租赁属于公共交通,大众出行。分时租赁用特斯拉不是大众出行,在中国用 Smart 不是大众出行,如果用 5 万元以下的车,租赁费用每小时 6 ~ 10 元,才是大众出行。北京壹租科技有限公司(以下简称壹壹租车)有特斯拉,但是没法用,必须降到每小时 10 元以下才会有市场,才叫大众出行的解决方式。所以对于分时租赁价格,整个运行成本要低于专车、出租汽车,高于地铁,这样才有市场。网约车新政出来之后,限制价格恶性竞争,分时租赁就有市场了,可以做到比专车便宜,比出租汽车便宜。

二、分时租赁是否可以用换电模式

壹壹租车对换电模式做过研究,分时租赁行业不可以用换电模式。不用考虑成本、空间问题,换电模式的基本商业逻辑说不通。

三、壹壹租车分时租赁模式

壹壹租车对电动车分时租赁可以实现异地还车。北京有300多个还车网点,以高成本模式尝试异地还车,验证用户出行方向、位置、聚集点、热点,方便下一步发展,用这种方式来满足一个用户所有可能的符合价位的需求。事实证明异地还车模式在人口密集的大城市是可行的,而且也是有经济效益的。同时公司也有同地和异地的还车模式。

四、政府对分时租赁车辆牌照制定供给预期

目前分时租赁车辆牌照的发放无任何预期。如果有了预期,企业就有努力的方向,企业经营上不怕成本高,成本高可以不做,怕没有预期性。尤其公司面对投资人的时候,如果不知道车牌怎么解决,这个行业就没法发展。

房安出租汽车运营工作情况报告

王德贵
北京房安出租汽车有限责任公司　副总经理

2012 年,北京市政府在各远郊区县启动了纯电动出租汽车示范运营工作,北京房安出租汽车有限责任公司(以下简称房安公司)于 2012 年 3 月 12 日正式组建成立,承担了房山区的纯电动出租汽车运营任务。

一、公司整体情况

1. 基本情况

房安公司注册资本 1420 万元,由三家股东共同出资组成,分别为北京房山国有资产经营有限责任公司、重庆长安汽车股份有限公司和国网北京市电力公司。公司隶属房山区国资委监管,采取车辆承包经营、统一管理、分散运营的管理模式进行日常经营管理。

2. 车辆投运情况

第一批车辆:公司首批 100 辆纯电动出租汽车单车采购价 18.2 万元,享受三级补贴支持;采取车电分离模式,由国网北京市电力公司统一采购,电池使用期为 4 年,房安公司租赁使用。2012 年 4 月 14 日,房安公司首批 100 辆纯电动出租汽车正式投入示范运营,公司在乐活城小区北侧建有纯电动出租汽车专业充电站一座,以自助式充电方式,可以满足102辆纯电动出租汽车充电需求。

第二批车辆:2013年年底,房安公司新增200辆纯电动出租汽车,采取车电一体采购模式,单车采购价27.77万元,其中:裸车价格15.97万元,仍享受三级补贴支持;车辆电池使用期限为5年,价格为11.8万元/车,由企业自行承担。2014年起,为解决充电场站建设用地难等问题,房安公司大胆创新了车辆"家充"运营管理模式并取得了成功,2014年7~12月,公司陆续完成了新增车辆的"家充"运营模式投运工作,进一步拓宽了车辆运营服务半径,提升了服务水平,公司也成为全国纯电动出租汽车行业首家实现"家充"模式的运营公司。

第三批车辆:2015年年底,房安公司新增100辆纯电动出租汽车,此批车辆仍采用车电一体采购模式,以采取"家充"、快充相结合模式运营。

综上所述,目前房安公司纯电动出租汽车运力规模为400辆。2016年6月,由于首批100辆纯电动出租汽车4年的电池租赁期到期,6月30日前,公司已完成了首批100辆车的驾驶员更新工作。房安公司现有纯电动出租汽车300辆。

二、车辆运行情况

截至目前,房安公司纯电动出租汽车累计运送乘客近718万人次,行驶总里程3590万公里,日均载客率约61%,乘客满意度约98%;公司车辆运行平稳有序,违章率、事故率始终未超过2%,无重大安全事故发生,达到了政府放心、市民满意的工作目标。

三、具体的工作情况

(1)开辟房山区纯电动出租汽车客运市场,填补了房山区没有正规出租汽车运营的空白,方便了区域百姓出行;

(2)实行多项管理创新,公司创新提出"家充"运营管理模式;

(3)以低廉的起步价让利区域乘客(房安公司纯电动出租汽车收费标准为3公里以内10元、基本单价每公里2元,且免收1元的燃油附加费);

(4)节能减排效果显著,截至目前,房安公司纯电动出租汽车共计减少使用汽油燃料约115万升,减少废气排放约1150万立方米,替换使用燃煤近400吨,为有效推进房山区节能减排工作进展、落实清洁空气行动计划、降低大气PM2.5含量做出积极的贡献。

四、存在的问题

(1)车辆续驶里程短,电池技术性能有待提升。出租汽车的续驶里程是出租汽车运营企业生存、发展的前提保证。目前,因纯电动汽车仍存在技术瓶颈,公司纯电动出租汽车续驶里程较短,日常补电时间长、受气温影响干扰严重为普遍现象。受电池本身的性能制约,纯电动出租汽车夏季的续驶里程为100~125公里,冬季续驶里程为60~80公里,日间补电时间约为4小时,给车辆运营带来严重阻碍。且随着车辆使用期的增加,电池蓄电能力将会严重衰减。

(2)车辆故障率较高,维修问题无法得到彻底解决。由于纯电动出租汽车未达到量产化,配件供应不足、维修时间过长等问题造成车辆运营受限,更有部分配件因车辆停产已停止生产,车辆长期处于搁置状态,给企业造成一定的经济损失;配件保修期满后,需由驾驶员承担维修、换件费用,部件坏损频繁、维修金额较高,也给驾驶员日常运营带来压力。

五、建议

(1)新能源车辆步入市场化推广模式的过程中,车辆技术问题制约着市场化推进步伐。建议厂商及相关研发部门应该认真调研、缜密分析新能源车辆运营数据情况,彻底突破技术设计难题,提高电池储电、蓄电能力,使电池一次充电后车辆续驶里程至少达到300公里、大幅缩短充电时间,并研发多种充电方式,使快充、慢充、“家充”等多种模式相结合,届时新能源车将会更好地发挥其开创绿色出行新局面的带头作用。

(2)针对目前纯电动出租汽车存在故障率高、配件供应不足、维修时间长、续驶里程短等不能满足其作为出租汽车运营条件的问题,建议下一步建立以政府为主导的新能源纯电动出租汽车发展机制,由运营企业制定采购车辆的技术参数和标准,提高车辆的技术性能和质量,提升电动汽车作为出租汽车采购的准入门槛,采取市场化采购模式,为运营企业的完全市场化运作奠定坚实的基础。

(3)为了有效降低运营成本,搭建良好的市场化运作平台,建议政府协调市、区级相关部门申请扶持优惠政策。比如:进行车辆购置税的返还政策以及新增车辆车船使用税的申报减免工作,确保纯电动出租汽车运营工作顺利进展。

(4)建议市级相关部门对运营企业给予一定的节能减排政策性支持,以充分发挥纯电动出租汽车节能环保零排放的优点,保证企业可持续发展。

(5)针对新能源汽车配套设施建设不完善的问题,建议政府尽快出台相应政策,大力扶持新能源汽车运营企业的示范运营工作,尤其应加大对纯电动出租汽车配套设施的投入力度,合理规划布局,利用加油站、旅游景区、公共停车场地等建设快速充电桩,满足车辆快速充电需求。同时也应探讨引进社会资本参与充电站建设,打破垄断现状,逐步搭建市场化经营的新能源汽车运营平台。

总 结 发 言

张永伟

国务院发展研究中心　副所长

出租汽车与分时租赁两个板块一直很受关注。

出租汽车如何应对“互联网+”所带来的变化，这一问题值得探讨。而分时租赁，随着电动汽车的发展，渐渐发展起来，特别是这两年又有一个大的发展，一方面，是互联网技术将电动化和分时租赁紧密结合，让这种业态突然变得很便捷，过去很多想做却做不了的事，有了信息技术之后发现是可以做到的；另一方面，也和现在的支持政策有关，像北上广这种一线城市，通过分时租赁能拿到很多营运车辆牌照，这也是政策推动的结果。

先不探讨业态本身的问题，这个业态怎么运作不是重点。应用侧的管理部门——交通运输管理部门更多地想了解，这两种业态在电动车辆应用过程中遇到的一些问题。出租汽车的问题更加明显，其中包括替换问题；分时租赁遇到的问题包括准入车型、数量等政策性限制，还有分散经营的问题，现在每个分时租赁企业的车辆数都不大，但经营主体过多，规模性、网络性效果显现不出来。

基础设施分会

发言专家

张玉奎

莎仁其其格

张存满

周　伟

武　斌

（按发言顺序收录）

高速公路服务区充电基础设施建设与运营情况

张玉奎

中国公路学会高速公路服务区工作委员会　办公室主任

一、高速公路服务区的基本情况

截至2015年年底，全国高速公路通车里程突破12.53万公里，服务区总数突破2300对。预计到2016年年底，全国将新增高速公路4500公里左右，新增服务区90对左右，全国服务区总数将接近2400对。"十三五"期间，全国将新增高速公路3.5万公里，预计到2020年年底，全国高速公路通车里程将达到16万公里，服务区总数将突破3000对。

高速公路服务区的服务功能包括基本功能和延伸功能两种。近年来，服务区在提供基本服务的同时，也在不断地扩展客运接驳运输、旅游服务、充电加汽等延伸服务。拓展延伸服务不是每个服务区都需要，也不是每个服务区都具备这个条件。2014年9月28日印发的《交通运输部关于进一步提升高速公路服务区服务质量的意见》中，明确提出服务区要在保障基本服务功能的基础上，根据本地区经济社会发展需求以及公路运输发展的新变化，开展延伸服务。具体到充电基础设施方面，除了要结合服务区所在地区电动汽车用户规模和发展需求以外，还和国家及相关部门的政策要求有很大的关系。

二、关于充电基础设施的相关政策

1. 国家政策

2014 年以来，国务院及相关部门相继颁发三个涉及新能源汽车充电服务设施建设发展的重要文件：

(1)2014 年 7 月 21 日，国务院办公厅印发的《国务院办公厅关于加快新能源汽车推广应用的指导意见》(国办发〔2014〕35 号)，从总体要求、加快充电设施建设、积极引导企业创新商业模式、推动公共服务领域率先推广应用、进一步完善政策体系、坚决破除地方保护、加强技术创新和产品质量监管、进一步加强组织领导等八个方面做了明确要求。

(2)2015 年 10 月 9 日，国务院办公厅印发的《国务院办公厅关于加快电动汽车充电基础设施建设的指导意见》(国办发〔2015〕73 号)，从加大建设力度、完善服务体系、强化支撑保障、做好组织实施等入手，提到了 25 条具体的要求，其中明确提及要建设城际快速充电网络，充分利用高速公路服务区停车位建设城际快充站，优先推进京津冀鲁、长三角、珠三角地区城际快充网络建设，适时推进长江中游城市群、中原城市群、成渝城市群、哈大城市群城际快充网络建设。到 2020 年年初步形成覆盖大部分主要城市的城际快充网络，满足电动汽车城际、省际出行需求。

(3)2015 年 10 月 9 日，国家发展改革委、国家能源局、工业和信息化部、住房城乡建设部在系统内联合印发的《电动汽车充电基础设施发展指南(2015—2020)》，对服务区充电网络的建设做出了具体的要求。文件要求大力推进城际快充网络建设，依托高速公路服务区停车位，建设城际快充网络。优先推进京津冀鲁、长三角、珠三角区域的城际快充网络建设并实现区域间互联；适时推进长江中游城市群、中原城市群、成渝城市群、哈长城市群城际快充网络建设。在 2015 年之前初步形成“四纵、两横、三环”的城际快充网络，建设超过 500 座城市快充站。到 2020 年之前形成“四纵四横”城际快充网络，建成超过 1000 座城市快充站。

2. 行业政策

近年来，交通运输部颁布的有关文件也多次提到要在服务区建设发展充电基础设施：

(1)2014 年 9 月 28 日，交通运输部印发的《交通运输部关于进一步提升高速公路服务区服务质量的意见》，明确要求要加强服务区建设和改造，结合新能源汽车用户规模和发展需求，增设加气、充电设施。

(2)2016 年 4 月 29 日,交通运输部办公厅印发的《2016 年全国公路服务区工作要点》,进一步强调要加强充电和加气设施建设,配合有关部门,研究高速公路服务区充电、加气等设施规划和建设。积极为电动汽车、天然气汽车提供有关服务,促进节能减排。

3. 地方政策

近几年,随着国家对高速公路服务区充电基础设施的重视,各地也加大了在服务区建设充电基础设施的力度。

2015 年 7 月 30 日,京津冀三地发改委会同有关部门在京沪高速公路的马驹桥服务区召开了京津冀充电设施协同建设联合行动启动会,签署了《京津冀新能源小客车充电设施协同建设联合行动计划》,力争到 2020 年建设形成京津冀区域一体化的公共充电服务网络体系。2015 年 11 月 30 日,山西省人民政府办公厅印发了《关于加快推进电动汽车产业发展和推广应用的实施意见》,提及要以太原为中心,在主干路高速公路服务区建设城际间快充电站。在 2018 年前形成"大"字形城际互联快充服务网络,实现全省主干高速公路充电设施全覆盖。2016 年 5 月 10 日,福建省人民政府办公厅印发的《福建省电动汽车充电基础设施建设运营管理暂行办法》中提到,要求在商业、公共服务设施、公共停车场、加油站、高速公路服务区(含停车区、加水区)、高速公路收费站等具备停车条件的可利用场地,建设以快充为主、慢充为辅的公用充电基础设施。并且这个文件还提到,对于利用服务区、收费站及其他可利用场地建设城际快充站的,无须再为建设充电基础设施单独办理建设用地规划许可证、建设工程规划许可证和施工许可证,这个就为建设用地方面提供了很大的便利。此外,上海、山东、浙江、江苏、甘肃、广西、陕西、广东、四川、江西、云南、河南、安徽、青海等地也都相继出台了相关文件,鼓励支持在高速公路服务区建设电动汽车充电基础设施。

三、国家电网对高速公路服务区充电基础设施的规划

作为目前中国最大的充电桩建设运营主体,国家电网公司正在加紧布局充电桩市场。2016 年 2 月 18 日,国家电网发布了《京港澳等高速公路快充网络上线运营公告》。公告明确现有 8 条高速公路快充网站已投入商业运营,目前这些高速公路已经实现了快充全覆盖。

同时发布的《国家电网高速公路快充网络服务指南(2016 年版)》明确指出:8 条高速公路上的快充站均设在服务区内,并提出到 2020 年,将在全国累计建成公共快充站 1 万座,充电桩 12 万个,全面覆盖京津冀、长三角地区城市和其他地区主要城市的高速公路快充网络,总计覆盖城市 202 座,高速公路 3.6 万公里;要结合高速公路骨干网建设

“四纵四横”的城际快充网络，新增超过800座城际快充站，并将于2016年先期建设“七纵四横两网格”高速公路快速充电网络。

四、高速公路服务区充电站建设与运营的基本情况

高速公路服务区充电站（图1）一般是单侧配置4台充电桩，占地面积约200平方米，可同时为4辆电动汽车进行直流充电，单侧投资在200万左右。

图1　高速公路服务区充电站

服务区充电设施的建设与运营一般是国家电网各地的分公司与各地高速公路运营管理单位签订相关协议，由服务区提供场地（车位）并收取一定的租赁费。国家电网各地分公司负责建设和运营，或暂时委托服务区运营管理单位运营管理。高速公路快充站的充电方式主要是以自助充电为主，人工服务为辅。

据不完全统计，截至2016年6月，北京、天津、河北等19个省（自治区、直辖市）的高速公路服务区均已经建有或正在建设充电设施。其中北京、山东、浙江等地已经发文明确，2016年年底要实现高速公路服务区全覆盖。内蒙古、重庆、云南等地已经出台了相关文件，拟在服务区建设充电站。吉林、黑龙江、宁夏三个省（自治区）暂未启动相关建设。

五、现存问题

随着高速公路服务区充电基础设施的加快推进，遇到了很多问题，综合来看，主要表现在以下10个方面。

1. 部分服务区面积有限，无法满足建设需求

总体上看，现有服务区面积较小，难以满足大规模的充电设施建设和运营要求，特

别是部分早期建成的服务区普遍占地面积有限,无法完全满足充电站的建设需求。

2. 充电需求较少且充电时间较长,大量设备闲置

我国电动汽车保有量小,充电设施也尚未形成网络,电动汽车车主不愿意驾车上高速公路。此外,大多数电动汽车使用充电桩充电至电池容量的50%,至少需要30分钟,充电时间长,导致很多充电设施利用率极低,甚至长期处于闲置状态,造成极大的资源浪费。

3. 位置偏僻,不利于后期运营

在浙江调研了解到,由于种种原因,很多服务区充电设施的建设位置都较为偏僻,远离服务区主要建筑群,一旦市场成熟、公众充电需求较多,由于充电过程耗时较长,必然会给驾乘人员如厕、购物、休憩等带来诸多不便。

4. 充电接口不统一,影响充电成功率

这是各地反映比较集中的一个问题。之前电动汽车市场不规范,缺乏统一的标准,导致目前很多充电设施接口并不能完全与电动汽车相匹配,无法满足充电需要。国家质检总局、国家标准委于2015年12月联合发布了新修订的5项电动汽车充电接口及通信协议国家标准,对电动汽车充电的安全性和兼容性问题做出改进,新标准已于2016年1月1日起实施,为这一问题的解决带来可能。

5. 运营模式比较单一,造成资源浪费

目前服务区充电基础设施主要是以租赁模式运营,就是服务区管理单位跟国家电网分公司签订了一定期限的租赁合同,由国家电网具体负责运营,租赁期一般较短,以3~5年居多。一些服务区运营单位还反映,对于面积较大的服务区,空闲土地出租出去可收取一些租赁费,对于面积较小的服务区则得不偿失,土地资源本就紧缺,与其长期闲置不如租给租金更高的企业来运作。

6. 缺乏行业标准,制约发展步伐

目前服务区内充电服务设施的设计建设、运营管理、安全维护等方面都缺少标准规范,项目的立项验收、检测维护等也缺少政策依据和要求。有单位反映他们的充电桩是国网浙江分公司建设,立项验收的时候还是国网自己验收,自建自验,缺乏基本的制度保障。

7. 缺少操作规范，存在安全隐患

大部分服务区充电设施长期处于无人值守或自助充电状态，采用“电话预约、指导充电”的方式，电动汽车车主需要在指定的营业厅办理充电卡，充值后用于电动汽车充电付费，也可在现场向工作人员提供现金支付。由于缺乏相应的操作规范和使用指南，这给车主在自主使用充电设施时带来了诸多不便和安全隐患。

8. 收费标准不一

目前服务区充电设施的充电费用由电费和充电服务费两部分组成。其中，电费执行国家规定的电价政策，充电服务费用于弥补充电设施运营成本。由于服务费收费上限由各省级人民政府价格主管部门或其授权的单位制定，国家尚未统一要求，导致各地服务区充电设施的收费标准不统一。

9. 责任主体不明

虽然现在充电服务设施都采取租赁模式运营，责任主体为具体的租赁经营单位，但由于地处服务区内，一旦发生安全事故，服务区及运营管理单位无法完全免责，进而影响到服务区与高速公路的形象。

10. 充电设施的使用寿命有限，设施浪费严重

这个问题比较集中，由于充电基础设施的使用寿命有限（一般是 5 ~ 8 年），现在很多都是处于闲置的状态，5 ~ 8 年之后就要更新换代，极易造成资源的浪费。

六、建议

随着电动汽车市场不断成熟，在服务区布局充电基础设施也将是大势所趋。为了更好地促进这方面的发展，科学制定发展规划，出台行业标准和技术规范、完善管理制度、解决建设用地问题是当务之急。

1. 出台行业标准

很多地方高速公路服务区运营单位都建议交通运输主管部门会同相关部门尽快制定服务区充电设施的设计、建设、运营规范（或标准）。对服务区充电设施的市场准入制度、立项验收、设计建设、管理运行、服务标准、安全维护等提出要求，明确责任主体，以提高充电设施的通用性和开放性，解决前期准入立项、设计建设及后期运营管理、安全保障、经营服务等问题。

2. 制定发展规划

目前国家电网根据高速公路主干线网制定了充电设施建设规划，具体到某一条线路上，不是沿线所有的服务区都要建设充电桩，由于现在的情况是充电需求本来就少，如果一条路上所有的服务区都要建设的话，资源浪费的情况可能会更加严重，也不是所有的服务区都建设相同规模的充电桩，可能有的建几个就可以了，可能有的充电需求大，需要多建充电桩，这都要根据服务区所在高速公路的路段车辆需求来确定。

3. 满足用地需求

用地需求现在确实是突出的问题。现有服务区，尤其是前期建设的服务区，由于建设年代较久，现在普遍面临改扩建的现状，对于这些占地面积较小又有扩建充电基础设施需求的服务区，建议给予一定的征地优惠。考虑到电动汽车的发展还需要一定的过程，新建及改扩建的服务区需预留出一部分的建设用地。

4. 租赁期限不宜过长

从行业的角度来说，由于我国电动汽车市场短期内处于培育阶段，大多数充电设施的运营状况并不理想，很多都处于闲置状态，因此目前的运营模式建议以租赁经营为主，考虑到电动汽车市场拥有广阔的发展前景，建议租赁期不宜过长，以不超过 5 年为宜。后期随着服务区充电桩市场的逐步成熟，可以发挥效益时，再与相关部门洽谈合作，将话语权掌握在自己手里。

5. 发挥好专业平台的作用

因为现在服务区充电基础设施建设与运营确实还处于一个培育阶段，建议充分发挥行业学会的平台优势，借助行业学会的力量，搭建专业的平台，建立与相关各部门的交流沟通机制，制定相关规范标准，促进服务区充电基础设施建设与运营步入良性发展轨道。

充电基础设施规划、建设、运营经验

莎仁其其格
普天新能源有限责任公司运营部　副总经理

一、公司业务介绍

现阶段，普天新能源有限责任公司（以下简称普天新能源）的产品和服务主要涉及以下几个方面：

(1)自身投资建设的城市级充电基础设施运营网络，也可把其他方建设的充电设施纳入到整个运营网络来委托管理。

(2)和车企合作，为车企提供租赁业务以及车辆的销售和维护。

(3)自身搭建基础设施智能管理网络，不仅为自身管理和运营提供智能服务，也为地方政府开发和建设智能充电管理网络平台。

(4)为国家部委、地方政府政策文件做规划方面的咨询，比如通过公开竞标的方式获得一些地方政府的充电基础设施规划。

(5)为集团客户提供"交钥匙"工程，集团用户要投入电动汽车使用，但是对整个电动汽车的全网络运营不是非常了解，除了提供整个工程建设以外，还会提供车辆推荐以及后期运维和服务。

二、充电基础设施规划、建设及运营经验

普天新能源的业务已经覆盖到了全国50个城市，涉及很多领域。截至目前，在全国建有大型充电站（一级网络）162座，公共快充桩12190个，入网车辆23450辆，累计充电量达到3.53亿千瓦时。普天新能源的充电设备具备比较好的兼容性，不仅可以给公交车、出租汽车、私家车充电，还可以给商用车以及旅游车充电。

1. 公交车领域基础设施

公交车充电基础设施方面，普天新能源建有公交车充电站119座，公共充电桩1761个，服务公交车总量接近5000辆，目前累计充电量3.5亿千瓦时，其中公交车用电占了很大比例，公交企业的充电网站普及率不是最高，充电桩建设的数量也不是最多，但是公交车有每天固定的运营里程保障和车辆自身的充电量需求，因此它的充电电量是最大的。

公交车充电基础设施的商业模式主要有两类：一种是公交企业自建自用；另外一种是由专业的运营商建设运营。

（1）自建自用模式虽然运营成本较低，只需缴纳电费即可，但会面临后期运营投入有限、安全体系较难建立、缺乏专业运营团队、前期投资成本较高等问题。

（2）专业运营商建设运营是指第三方运营商在项目启动之初即参与进来，包括新能源公交车的投放计划、线路及规划场站等，提供配套咨询服务，且由专业运营商投资建设公交车充电设施，提供专业充电运营服务，同时向公交企业收取充电服务费的模式。由于第三方专业运营商的引入，该模式具有专业充电运营、智能安全监控、数据信息服务等服务优势，相较前一种模式，该模式在运营环节需由公交企业向运营商支付充电服务费。当前各地已相继出台充电服务费政府指导价，已为该模式的发展提供参考依据。

2. 出租汽车领域基础设施

出租汽车基础设施方面，网络服务车辆数4034辆，累计充电量4706万千瓦时，累计充电车次260万次，累计行驶里程2.4亿公里。在网出租汽车依托于专用充电设施的有10%～30%，专用充电设施是指在出租汽车公司或驾驶员家中备有的充电设施；另外70%～90%的出租汽车主要依赖于公共充电设施充电。

3. 物流车领域基础设施

物流车基础设施方面，共建有物流车专用充电设施148个，服务车辆772辆，累计充电量98万千瓦时，累计行驶里程490万公里。根据统计，70%～90%的物流车依托物流

园区内的专用充电设施充电，城市公共充电设施网络只为物流车运营提供应急补电。但随着车辆投放数量的增加，包括车辆使用过一段时间后电池衰减，其对公共充电设施网络的依赖会逐渐增大。

三、建议

(1)搭建系统性的新能源公交车安全保障运营体系，以保障安全运营，消除安全隐患。

(2)公交车充电设施的运营采用由第三方专业运营商提供充电服务的模式，通过专业团队的引入，实现公交车辆的安全稳定运营和新能源行业的健康快速发展。

(3)鉴于出租汽车充电主要依靠城市公共充电设施网络，为确保出租汽车及时快速充电，应加快城市公共充电设施网络的合理布局，特别是加快公共快充桩的建设。

(4)鼓励物流企业在其自有场地内建设配套的充电设施，促进新能源物流车的推广。

燃料电池汽车及其基础设施进展

张存满
同济大学　教授

新能源汽车近几年已成为全球最为热门的新兴产业，其中电动汽车的发展备受关注，相关产业已经进入爆发式增长阶段，而作为另一种重要的新能源汽车，氢燃料电池汽车（FCV）的发展显著滞后。实际上，FCV 被认为是最理想的新能源汽车发展方向，不仅具有能源利用效率高、排放清洁和使用便利性好等优点，而且氢气丰富的多样化来源更为其描绘了美好的蓝图。

一、国外氢燃料电池汽车进展

从 20 世纪 90 年代开始，国外几大汽车巨头就开始投入 FCV 的研发，经过 20 多年的研发，几款 FCV（如丰田 Mirai、现代的途胜 FC、本田的 Clarity 等）已先后实现在日本、美国、欧洲的正式销售，2016 年丰田的 FCV 产量将达到 3000 辆以上，开启了 FCV 的商业化大门。此外，德国奔驰汽车公司也宣布 2017 年将实现旗下 FCV 的商业化量产，美国通用汽车公司和德国大众汽车公司也分别宣布，将在 2020 年前实现 FCV 商业化量产，燃料电池汽车时代呼之欲来。

根据国际 FCV 发展路线图可知，2025 年 FCV 将全面进入商业化时代，在此期间，FCV 发展面临的主要挑战有两个：一个是继续大幅降低制造成本，另一个就是大力推动氢燃料基础设施普及。目前全球共建成加氢站总量已超过210座，主要分布在美国、欧洲（以德国为主）、日本和韩国。加氢站的发展规划也备受重视，日本经济产业省宣布，计划到2025年FCV加氢站将增至320座；欧洲宣布，到2025年FCV加氢站总数将会达到860座（其中德国400座、英国300座），届时FCV的全球商业化时代将正式到来。

二、国内氢燃料电池汽车进展

与国外相比，我国FCV的研发整体要晚10年左右，于2002年正式启动，经过十多年的研发，总体技术已取得重要突破，部分关键技术与国外相比差距仍然较大。从FCV的发展阶段来看，我国的FCV技术整体还处于技术验证和示范阶段，总体与国外先进水平相差5~10年，不过如果“十三五”期间核心攻关项目进展顺利，有望在2020年将差距缩短为5年，再通过资金和市场推动优势，仍然有望在2025年实现我国FCV的正式商业化。

除了FCV，我国在氢燃料基础设施方面与国外相比也具有较大差距，不仅加氢站数量少，而且在关键技术方面也有不小差距，但通过前期的自主研发，在加氢站关键装备方面已具有很大的成本优势，对推动加氢站商业化推广意义重大。

目前已有地方政府开始重视FCV的发展，并提供专项资金支持，估计会有多地政府陆续跟进。这无疑会加速推动我国FCV的发展，但也会带来隐患。在缺少国家顶层规划情形下，各地方存在同质化、低水平竞争，轻自主开发、重国外引进的发展模式，很可能会使我国的FCV步入传统汽车发展的老路上来。

讨 论 发 言

一、充电设施兼容性差，标准不统一

目前，新能源乘用车和大客车充电设备接口不同，充电桩利用率不高，造成资源浪费。

二、充电设施建设运营标准规范缺失

充电桩验收的标准规范以及操作人员的准入门槛缺乏统一标准，存在安全隐患。现在充电桩大多采取无人值守方式，需要相关规范进行明确。目前常采用引入第三方建设的模式，希望针对第三方建设运营方式出台相关政策，明确此类充电桩场站验收标准、检测依据和考核办法。

三、充电基础设施规划建设滞后

应由政府牵头，统一规划、统一协调，形成充电网络，使充电服务设施更好地利用起来。为了加快新能源汽车在中长途客运领域的应用，建议在服务区和中长途客运场站加快建设充电设施。

四、充电服务费用收取标准不统一

国家发改委价格司发布的1668号文对于充电服务价格有明确规定，充电服务费价格由“电费+服务费”两部分组成，其中电费是按照峰谷电价计算，服务费是当地政府确认上限指导价,2020 年之前不能超过指导价,市场成熟以后采用市场定价。电价由发改委定,各地电价确实不同,这是现状。

五、充电费用支付方式有待改善

部分充电设施建好以后,其运营过程中的维护有些滞后。关于充电费用的结算,建议考虑和 ETC 卡绑定的可能性。目前,国家电网的充电桩都在接入一个名为 TCU 的计费单元平台,已基本能实现一卡通。

六、充电基础设施引导标识体系急需规范统一

目前高速公路和国省道的加油加气设施标识体系是比较规范和统一的,但是充电服务设施的引导标识体系缺位、混乱、不统一。

七、充电基础设施场景建设标准规范

充电设施不可能孤立存在,这个场景建设的标准其实就是除了充电基础设施以外,场景的配套标准,包括像油气站,它的地面涂装、监控和照明的要求等需要进一步规范化。

八、充换电设施建设运营效果有待科学评估

换电模式安全性较好,电池衰减度也较小,可以连续使用 4 年以上;相比换电路线,快充方式充电时间比较长,电池衰减比较快,以前 160 千瓦时电充 2 个多小时,现在充 4 个多小时,导致车辆利用率大大下降,换电模式下,换电时间基本在 10 ~ 15 分钟,车辆利用率较高。

九、地方补贴滞后

现在国家已出台了充电桩建设的补贴政策,地方迟迟没有下达充电桩的相关补贴,应该推动一下。

总 结 发 言

周 伟

交通运输部 总工程师

第一,针对现阶段纯电动汽车续驶里程不足的问题,在电池材料不能很快取得突破的时候,不要把创新思维局限在新材料的研发上,应在电池的大小、形状、连接方式等方面多元创新。

第二,现在政府制定政策也希望听到多方建议,尤其是一线人员的声音,你们有切实的感受,到底存在哪些障碍?

总结发言

武　斌

国家电网公司营销智能用电管理处　副处长

第一,虽然今天讨论了高速公路服务区的充电设施建设运营问题,但是高速公路服务区只是我们充电设施网络中较小的一个组成部分。

第二,对于充电基础设施这样一个新兴产业的发展,我们不能按照老的燃油车加油体系来要求电动汽车。电动汽车的续驶里程和技术发展需要一个过程,也就意味着充电体系的建设在很长的一段时间内会和原有的燃油车加油体系存在差距。我们也不能拿燃油车加油的便捷性来要求当前电动汽车,在当前的产业规模下,可以说它是一个刚刚出生的婴儿,我们还是要给它一个发展的过程。到 2020 年我国的电动汽车将达到 500 万辆的规模,这意味着充电设施发展是一种基础设施建设,我们不能以当前的利益与技术来判断基础设施的发展,要有一定的超前性。

公路客运分会

电动交通

发言专家

张英杰

高　波

高云庆

朱正良

牛小波

胡剑平

（按发言顺序收录）

上海市电动汽车用户行为洞察及营运车辆监测

张英杰

上海市新能源汽车公共数据采集与监测研究中心　工程师

一、上海市电动汽车市场概述

2014 年至今,上海市新能源汽车市场处于爆发式增长状态,尤其 2015 年一年就推广了 4.5 万辆新能源汽车。上海市新能源汽车市场爆发式增长主要原因是上海市的政策补贴力度较大,尤其是免费发放牌照。在上海市拍得一个牌照比较困难,不但价格比较贵(目前 8 万元左右),而且拍到牌照的概率也比较小(只有 5% 左右)。很多人,包括私人用户可能会为了牌照购买新能源汽车,还可以免费拿到补贴。

上海市不但对纯电动汽车有补贴,对插电式混合动力汽车也有较大力度的补贴。为了规避买混合动力车以后不充电的行为,上海市政府要求用户买车以后,必须提供充电桩安装证明,证明确实具备充电条件。

在整体结构上,上海市的混合动力车占据相当大的一部分比例(将近 80%),其中乘用车占比超过 90%,外省市车辆占比也很高。上海市新能源汽车推广比例的结构中私人用车占多数(63%),在公共领域主要集中在公务用车、租赁用车,还有物流车和旅游客车等。

二、数据中心及其服务能力

上海市新能源汽车公共数据采集与监测研究中心是上海国际汽车城(集团)有限公司发起的非营利的第三方机构,受上海市经济和信息化委员会(以下简称上海市经信委)主管,但某种程度上有自由的发言权。目前主要承接上海市数据采集以及大数据分析工作,上海市要求对电动汽车必须要有数据采集功能。

数据采集必须要有地方标准,包括如何采集、采集哪些数据、这些数据以什么样的格式上传。上海市早在2014年10月出台了上海市地方采集标准,详细地规定企业应该把哪些数据上传到数据采集平台(以下简称平台),目前共50项数据。其中,采集数据的时候对于用户的隐私信息(姓名、电话号码、住址、车牌号)不会采集;另外,企业车辆可能涉及商业或者技术机密问题的,也不在采集范围之内。采集的数据更多用于研究消费者用户行为或者进行大数据分析。建设数据采集平台的目的在于通过对数据的研究分析发布一些对政府或企业有价值的报告。

目前,平台里已经采集到的车辆总数超过6.5万辆,全上海市新能源汽车推广量大概有7万辆,采集的比例占上海市新能源汽车总量90%以上。另外还有一部分数据通过潜在用户调查的方式进行采集,采用问卷的形式,2011年至今已有超过2万人接受了问卷调查。我们还会采集一部分公共充电桩数据,搭建上海市公共服务平台。

通过采集的数据,了解用户如何使用新能源车,包括:出行特征、里程、时间、充电行为、车辆使用率以及电池的状况,这些都可以通过远程或者后台的方式得到相关数据。通过BASE模型预测上海市未来5~10年新能源汽车的销量,预计2020年年底,上海市新能源汽车保有量将接近35万辆。

三、基于大数据的行为洞察

1.用户对价格的敏感性分析

对于上海市的纯电动汽车,用户基本上心理价位在10万元左右,超过10万元新能源汽车可能要在此基础上增加额外的优势。对于混合动力车,用户心理价位在16.5万,目前上海大部分中等层次的混合动力车的价格在16万~18万之间,甚至更高。

2.2015年乘用车使用习惯分析

针对采集到的6.5万辆车的数据,上海市用户单日行驶里程集中在60公里以内,不管是插电式混合动力还是纯电动都可以满足行驶需求,而企业用户总行驶里程更长。

3. 纯电动汽车的充电时间分布

纯电动汽车充电高峰并不是在每天下班高峰期(下午 6 ~ 8 时),而是在晚上 10 时出现,上海市实施峰谷电价,晚上 10 时是 0.3 元/千瓦时,用户从经济性角度出发更喜欢在家用谷价充电;另外一个高峰期是上午 8 时,用户更多是因为到达单位,用单位的充电桩进行充电,充电时长更多集中在 2 ~ 3 小时,或者 6 ~ 7 个小时。

4. 纯电动汽车 SOC 分布

纯电动汽车主要针对用户每天第一次使用电动车的 SOC(荷电状态)分布情况,以及最后使用电动车停车时的 SOC 分布情况如图 1 所示。

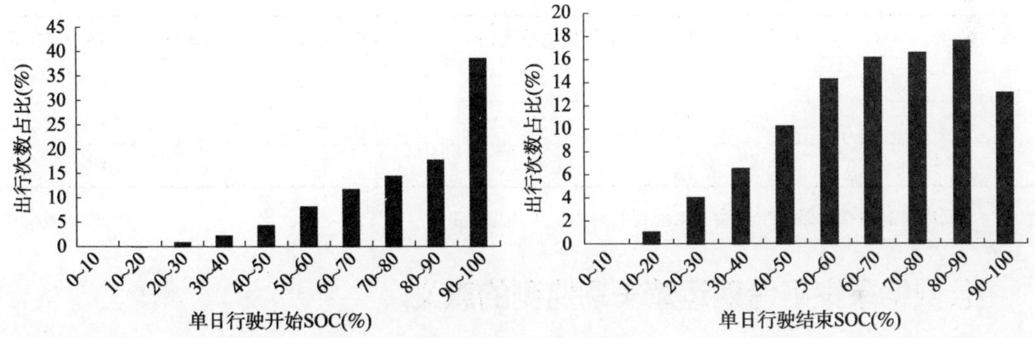

图 1　纯电动汽车 SOC 分布

图 1 左为第一次使用电动汽车,可以看到上海市绝大部分用户每天第一次使用电动车之前会有一个充电行为,SOC 为 80% ~90% 的汽车占比非常高,超过 70%;图 1 右可以看到最后一次行驶结束的时候,这辆车是不是需要充电,很多车还拥有比较高的 SOC 值,说明很多车第二天不需要充电就可以直接上路行驶。

5. 新能源汽车用户空间分布特征

采集用户的 GPS 坐标,通过对 GPS 坐标叠加的方式做出 2015 年上半年和下半年 OD 热点图对比,这样的 OD 分析对政府、企业选择在哪里建充电桩,或者在哪里建 4S 店是非常有帮助的。

四、基于大数据的营运车辆监测

2015 年,新能源商用车主要包括新能源客车、物流车、环卫车,大部分是以客车为主,绝大部分客车每天行驶里程在 60 公里左右,有一些超过 180 公里;上海市商务车上午 8 时是出行高峰,下午 5 ~7 时又是出行高峰,晚上使用频率就降低了。每日出行前的 SOC,商用车和乘用车体现了明显的区别。商用车每天第一次充满电出行的比例特别高,有30%的用户是充满电出行。

依据平台数据,为上海市经信委做了新能源商用车运营的研究,选择3家客车企业进行对比,见表1和表2。

新能源商用车运营特征分析(1)　　表1

车企	注册车辆总数(辆)	实际运营车辆总数(辆)	实际运营总天数(天)	运营车辆平均每月运营天数(天)
A	138	42	897	3.0
B	250	237	9770	9.3
C	1106	1065	47930	14.8

注:实际运营车辆数代表发生过驾驶行为的车辆。

新能源商用车运营特征分析(2)　　表2

车企	实际运营总数(辆)	车辆出境总数(辆)	出境车辆占比(%)	平均每车出境天数(天)
A	42	37	88.1	3.3
B	237	25	10.5	21.2
C	1065	6	0.6	0.7

注:车辆出境总数指的是发生过离开上海行驶行为的车辆总数。

五、数据采集平台对运营车辆监测的意义

(1)实时监控,及时掌握运营车辆最新动态。目前数据是30秒上传一次,基本上能够随时随地掌握最新的数据情况。

(2)提升效率,最终的结果以数据为导向,非常便捷直观。

(3)为政府对运营车辆的监测,包括前期研究,政府最后政策的后评估等方面提供数据支持。

新能源客车领域应用探索

高　波

深圳巴士集团股份有限公司公共汽车分公司　总经理

一、新能源客车技术路线越来越清晰、成熟

2010年以前，采用轻混，即非插电式混合动力汽车；2012年，采用重混，包括做得好的增程式混合动力，和插电式混合动力汽车；2016年，纯电动迎来了发展的成熟期，目前广东省很多城市都开始把纯电动作为公交新能源发展方向。

从动力电池来看，深圳巴士集团股份有限公司公共汽车分公司（以下简称深圳巴士）早期用过一批铅酸电池汽车，共30辆车，现在已经全部换成磷酸铁锂电池汽车，磷酸铁锂电池性能稳定，价格便宜，应用方面也比较广阔。三元材料目前也是一个比较重要的方向。与2012年相比，目前能量密度提高了1.5倍，电池成本下降了50%。深圳巴士早期购买的第一批比亚迪K9车辆，采购价格是220万，2016年年初，车辆不含补贴价格是170万，最近又降了十几万，加上补贴，采购成本已经跟燃油车辆相差不多。

二、新能源客车应用实践经验

1. 深圳巴士新能源公交车快速推广原因

深圳市在新能源公交车的财政补贴政策方向相当到位，除了有政府的引导以外，在新能源车的应用方面,深圳巴士吃的"甜头"比"苦头"略多一点。

(1)公交服务在推动纯电动汽车的时候确实得到了比较大的提升,乘客的满意度大幅提升。

(2)在环保方面,整个深圳来看新能源公交车是零排放的、无污染的。虽然全国各地都在用国Ⅲ、国Ⅳ、国Ⅴ控制排放,但是实际上还是不理想,始终处于被环保局问责的状态,但是纯电动公交车不存在这个问题,摆脱了柴油车"冒黑烟"的形象,氮氧化合物、颗粒物排放没有了。从减排的角度上来讲,经测算,百公里行驶节省35kg标准煤,按照深圳巴士目前6000辆公交车的状态,一年节能7万吨标准煤。

(3)舒适度大幅提高,纯电动公交车因为车辆比较贵,所以在设施方面也做了大幅的提升,一方面增加了空气悬架,另一方面采用自动变速器,不存在变速问题,驾驶员操作便利性更好了,乘客舒适性也提高了。

(4)噪声小,初步测算,纯电动公交车比常规公交车低了10个分贝的噪声,怠速情况下噪声更低。

2. 新能源车由于性能提升,提高了其安全性

(1)新能源车电气化的程度比较高,行车记录仪记录的东西更准确,而且记录数据更多,比如车速、加速度、车辆位置、加速踏板的信号、制动踏板的信号、电动机转速等,公交企业的安全管理确实得到了提升。

(2)电动机的电子限速比传统发动机的限速更容易实现。比如城市道路行驶车速不准超过70公里/小时,直接锁死在68公里/小时,超一公里都不可能;另外,所有的车辆都带GPS(全球定位系统),GPS可以记录每个路段的限速,除了常规的70公里/小时限速以外,在不同的路段、辅道还可以进行不同的限速,从而大大提升车辆的安全管控水平。

(3)门控起步功能,在车门未完全关闭的状态下,车辆无法正常起动。这些都是车辆电气化所带来的变革,也提升了车辆的本质安全。

3. 新能源公交车的经济性

(1)购置与运营的经济性。

采购环节有国家财政补贴,在使用环节有运营补贴。深圳电价有3个高峰期,也是公交车营运的高峰期,还有4个平峰期。高峰期的电价是1.1元/千瓦时,平峰期0.76元/千瓦时,谷期0.31元/千瓦时。谷期是晚上11时到早上7时,这段时间公交车基本上是停运的,用好谷期,能源费用就可以降到很低。深圳巴士做得最好的一个示范车队,平均电价控制在0.45元/千瓦时,但是整体平均水平做不到那么低,主要原因是现在的

充电桩建设还不够普遍，其他3/4的充电桩建好之后，整体的充电价格就会降低。

按照K8目前的电耗，成本约0.99元/公里，包括0.4元/千瓦时服务费，平均电价约0.5元/千瓦时；常规公交车平均油耗40升/百公里，现在5元/升多的油价，算出来220元/百公里，合2.2元/公里，所以充电价格还不到燃油费用的一半。粗略测算，一辆车一年节省7万元，深圳三大公交公司加起来1.5万辆公交车，一年节省费用10亿元，相当可观。

(2)维修经济性

厂家对"三电"部分维护八年，车辆生命周期就是八年，所有零部件坏了可以找厂家更换。柴油车的维修频率0.21次/千公里，纯电动车0.08次/千公里，可能往后会高一点，纯电动车辆和混合动力车辆是不同的，纯电动车的构造更简单，往后纯电动车的故障率肯定低于传统柴油车，但是有一个成熟的过程。

4. 在新能源应用过程中困难的解决途径

(1)车辆维修。

原有的传统车辆分维修级别，维修是以旧车的车辆部件维修为主。但是纯电动车辆应用以后，维修模式会发生重大变化，打开发动机的后舱盖可以看到，所有的零部件都是模块式的，电控、电机控制、DC、AC都是模块，模块拆卸相对方便，维修向模块式维修的方式转变，用总成互换方式进行维修。比如一个东西坏了，通过笔记本电脑可以鉴别是哪坏了，直接把模块拆下来，把另外一个模块补上去，这样可以极大提升维修效率和质量。拆下来的模块送到专业的地方维修，质量更有保障。

(2)人员转型。

这是公交企业遇到的最大困难，原有的维修工都是传统的机械维修工，现阶段要转型为机电工，需要电工证，这是一个很痛苦的过程，但是这个痛苦的过程要用一定的时间、一定的投入来进行克服。

5. 充电基础设施

公共交通一直很难有创造效益的机会，电动化给公交创造了一点空间。公交场站以前都只有一个社会功能，现在可以把它充分地挖掘出来。现阶段所有的城市在推广新能源车的过程中，只有公共交通推广得顺利一些，出租汽车推广效果也不如公交车，社会车辆更难。因为充电站的布置很困难，充电站必须成网络才有用，充电站不在于大而在于多。公交场站就像一个蜘蛛网，遍布在城市的各个角落，把它开放出来，让它具备多元化发展的条件，才有价值。

三、对新能源客运车辆应用推广的思考

1. 客运车辆在新能源车领域应用的制约因素

(1)车辆的制约。

①续驶里程很难满足客运车辆的需求。公交车每天运营约200多公里,现在290千瓦时电基本上能满足,中间补电即可;但是长途客运一般都需要每天运营500~600公里,白天快充补电有费用的问题,晚上补电也只能补一次。

②轻量化设计。高续驶里程必然加大电池的容量,自重增加,电耗也增加了,这里面的研究做得还远远不够。

③电池的能量密度。目前磷酸铁锂电池用得比较多,成组之后90瓦时/千克,后续希望能达到15瓦时/千克的水平,现在电池发展很快,相信有一天会看到高能量密度的电池的出现,也可能就是客运车辆真正能够电动化的契机。

(2)充电设施制约。

充电网络也是和营运不匹配的,公交车有充电网络,行驶得不远,可以就近充电;但是长途客运不可能在深圳充完电,驶去广州,行驶完却无法返回,而且电量无法精确计算,达不到可以刚好到终点进行补电。

2. 解决办法

发展长途客运,新的高速公路上的服务区必须要统一配套建立充电桩,利用休息时间补电,可能能够帮助长途客运车更好地运行。快充技术现在都是0.5C,假如应用于长途客运,必须要2C充电,即半个小时充满。如果是长途的旅行,中间会有一定的休息时间,休息时间可能有20分钟,用2C的充电就可以补很多电,行驶得更远一些。现在很多主流充电技术都是“单枪”充电,电池组就是串并联关系,现在有“双枪”充电,如果做到“四枪”充电,“四枪”乘以0.5,就达到2C了。如果现阶段纯电动客车推广起来比较困难,过渡期间还可以多推广应用插电式混合动力汽车。

新能源公路客运发展趋势

高云庆

郑州宇通客车股份有限公司　客运车产品经理

一、客运行业现状

长途客运环境下，高铁和航空的发展，对传统客运的冲击是不可逆转的。特别是2016年《中长期铁路网规划》由“四纵四横”扩展为“八纵八横”，铁路快速向中西部、城际、小城市发展。“十三五”规划期间又明确支持通用航空建设，规划期内预计增加机场数量50个以上，说明机场在向小城市扩展，机场和高铁到达的地区，客运市场的客流量都下滑得非常严重。

随着经济形势、市场环境的变化，短途客运形成了客运车、私家车和黑车“三足鼎立”的情况。客运车的优势是票价适中、安全性高，劣势是站对站发车、不适用短途出行习惯、发车时间长、舒适性差。黑车的优势是机动性非常好、成本低，劣势是非法营运、安全性差。私家车的优势是机动性强、舒适性高，劣势是对硬件的要求高，需要有车，出行成本高。2015年公路客运量下滑，首次出现负增长，整个公路客运趋势是处于下滑的状态。

二、新能源公路客运发展之路

既然整个公路客运处于下滑状态,客运企业如何应对这种下滑,才是当务之急。高铁和航空对客运车的冲击是不可逆转的,未来公路客运主战场将从传统的长途客运转向中短途客运,中短途客运包括市县客运和县乡客运,特别是高铁通过的地方,长途客运客流量会下滑,但是中短途客运客流量会上升,从高铁站到下面的县乡的客流量会急剧增加。为了适应新形势下的公路客运情况,预计公路客运将向新能源化和公交化两个方向发展。

1. 新能源化方向的发展

纯电动客车,因为充电、电池容量等因素,都无法适应长途客运线路。当客运主战场转向中短途的时候新能源车的优势出来了,特别是可以使用纯电动车。新能源客车运营成本和维修成本降低,而且提高了乘客的舒适度,平稳、无噪声、零排放、无污染,驾驶员的驾驶强度低,在山路比较多的地方,频繁换挡对驾驶员注意力影响较大,纯电动车避免了换挡的操作,提高了驾驶的安全性。

案例一:湖南怀化中短途传统公路客运车新能源化改造。

2014 年年底,怀化高铁站开通,成为衔接沪昆高铁、怀邵衡快铁和张吉怀高铁的枢纽站。高铁开通之前,怀化到长沙的客运线路基本爆满,但在高铁开通后,之前的长途黄金线路受到毁灭性打击。2015 年年底,怀运集团为了在客运新形势下转型,尝试了将传统客运车辆进行新能源化改造的试点,试点线路为怀化至洪江。在更换为新能源车辆的同时,怀运集团与当地政府协商,在怀化至洪江的线路上绕行增加高铁站站点。经过 7 个月的试运营,怀运集团新能源车维护成本和运营成本较传统车降低了 50% 以上,并且乘客的舒适性得到了提高,客流量也从之前的每日 200 多人提升到了 500 多人,同时又减少了驾驶员的劳动强度。2016 年 7 月,怀运集团又增加了 14 辆新能源车,开通了怀化至芷江的线路进行试点。

怀化至洪江单程运行 72 公里,每天运营两个往返,288 公里,运营模式是两边建站,车辆对发,当车运营一个往返之后,充电 30 ~ 40 分钟,这样可以把电池电量充到 97% 左右,再运营下一个往返,这样能保证一天两个往返,晚上把电补满。

怀运集团当时应用 9 米纯电动客车,电耗约 0.6 千瓦时/公里,柴油车油耗 0.2 升/公里,每年节约燃料成本约 5.1 万元,5 年大约节省燃料成本 25.5 万元,节约维修成本 4 万元。同时,客流量又增加了一倍,又给客运集团带来了很大的收益。

2. 公交化改造

(1)运营模式的公交化改造。

中短途客运市场主要面对私家车和黑车或者是网约车的竞争,唯一缺点就是乘客等待时间长,参考公交车的运营模式,加大发车频次,并设置主要的站点,如高铁站、主要关键城镇,这样就可以从黑车或者私家车中抢来一部分客源。

(2)车型的公交化改造。

用公交车型满足运营线路,主要为了拿到政府补贴,包括油补、运营补贴和一些公交性补贴,可以为企业增加盈利。因为考虑到舒适性和安全性,公交化改造只适合小于50公里的线路,线路大于50公里,乘坐的时间延长,舒适性变差。此外,受政府影响也比较大,部分地方这种线路是禁止运营的,而一部分政府是倡导公交化改造。在政府推动的大背景下,客运企业为了更好地盈利,获得了公交资质、政府的公交补贴与扶持,通过并购或整合县乡公交,推动短途线路的公交化改造。

案例二:济宁城际新能源公交化改造。

应济宁市政府的要求,2013年起济宁交运集团(以下简称济宁交运)陆续开通了主城区到下面各个县城的10余条城际公交线路。2014年年初开通了济宁至曲阜高铁站的城际公交线路,济宁城际公交共开通了14条线路,总运营里程516公里,沿途设置停靠站点490个,覆盖了济宁周边县市650万人口。改造前客运行业盈利能力尚可,但是政府要求济宁交运进行公交化改造,同时降低票价,改造前票价是10元,改造后是3~4元,为了弥补济宁交运的损失,当地政府根据审计济宁交运的盈亏情况进行财政补贴。随着城际公交开通,快频次发车、村村站点设立、公交车同等票价水平使线路上的客流量大幅增长,再加上国家对公交的运营补贴,促使了济宁交运后续主动开展其他线路的新能源公交化改造,企业实际盈利能力大幅提升。

三、新能源公路客运发展瓶颈

从长远看,中短途客运在向新能源转型,但短期用户购置新能源客车的动力不足。主要体现在:

(1)先期投入成本较高。特别是新能源客运车,为了满足续驶里程,至少一个往返或者一个单边的用电,需要配备的电池相对公交车较多,购置成本较高,再加上充电基础设施建设的成本,特别是对于个体用户,购置成本较高,难以接受。

(2)优惠政策对用户吸引力不足。公交车有运营补贴、购置补贴,而客运车目前只有购置补贴和免购置税政策,在运营补贴上远不如公交车,进而导致小于50公里的短途线路需要进行公交化改造。

(3)车辆使用局限性。由于续驶里程限制,只能满足中短途线路需求,长途线路是不适合的。所以新能源公路客运车目前发展还存在一定的瓶颈。

快充电池在客车行业的应用

朱正良

微宏动力系统(湖州)有限公司　华南大区经理

一、客车电动化面临的八大问题

1. 充电时间长(2 小时左右)

例如广东服务区小汽车的充电桩,45 安培的充电电流,按照小汽车一般 40 安培小时左右的电池,需要充电 1 个小时。如果驾车几百公里,在高速服务区要充 1 小时,驾车的人不愿意,高速服务区的人也不愿意。

2. 充电场地缺

因为充电长,所以场地才会缺,如果每次加油需要两个小时,估计加油站也不够用,道理相同。

3. 续驶里程短

一次充电的续驶里程没有意义,而是在连续、有效的运营时间之内的续驶里程才有意义,可以多充电少装电池,但因为充电时间很长,所以目前不得不装载很多的电池。

4. 电池重

续驶里程短紧接着带来电池重的问题。

5. 寿命短

最早的一批“十城千辆工程”中，广东中山公交公司原计划购置60辆新能源公交车，先期购买并投入15辆后发现问题，认为新能源车行不通，这件事就搁置下来了，这批车用了两年多便无法使用。目前大部分的电池循环次数约2000次，等效下来，以公交和客运的运行模式，基本3～4年新能源车就要换一批电池。

6. 车辆利用率低

纯电动车辆因为充电时间长、续驶里程短，所以车辆的利用率不够，造成车辆没有办法和传统车1:1等量置换，原来100辆传统车，为了改成电动车就需要配置130～150辆，广东有些地方甚至达到1:3。

7. 资金需求大

以前只需买车，维修可以外包，现在还要考虑充电桩建设以及各种问题，尽管有补贴，资金投入仍非常大。例如石家庄某公司一辆12米的车245万元，去掉国家补贴、地方补贴，还需要145万元，还要建充电桩，企业负担较重。

8. 电池安全问题

今年上半年已经密集地发生过多次电池着火事件，去年购买的车还有很多今年没运行，因为充电桩建设没到位。如果把去年那批车全部投入运营，电池事故可能会更高。

二、解决措施

1. 充电时间的问题

从客车或者出租汽车的情况了解到，宝贵的运营时间是没法被占用的。除了在非运营时间慢充外，还要在运营时间补电，随着电池的衰减和补电次数的增加，将会占用越来越多的正常运营时间。快充目前都是10分钟左右的充电，即充即走，无须等待。

2. 充电场地的问题

我国的基本国情就是没有地，深圳做得比较好，把慢充做成柔性充电，桩车比1:6，但是大部分还是是1:2以上;快充可以做到桩车比1:8,甚至更低。充电时间长并不能向充电的车主多收钱,而且车主不愿意充,还占用了时间。停车场式充电站的特点是每次充电要一个小时左右,非常慢,占用大量的时间;而加油站式的充电站充电十分钟以内,即充即走,对土地的占用非常小。现在这种消费模式下,客户反而是为了省时可以多花钱。

3. 续驶里程的问题

现在很多的用户有一点误解,恨不得充一次电行驶两千公里,技术上可以做到,但是这个车就无法载人了,后面装载大量电池就可以了。油箱普遍是50~70升,因为加油太方便了,只需几分钟,如果加油需要两个小时,油箱可能就需要300升,电池也是一样的道理。我们不是追求充一次电可以跑多少里程,充电时间和满电续驶里程是二元函数关系,在中间找到一个动态的平衡点,追求节约时间,同时也要保证续驶里程。

在广东佛山,禅城区的10.5米纯电动公交车只装了82.8千瓦时电的电池,单车日均行驶里程230公里左右;在江苏南京,单车可以行驶300公里;在首都机场的快充摆渡巴士,可以实现24小时不间断运营,都是得益于快速充电、快速补电的模式。

4. 电池重的问题

12米的车加慢充324千瓦时的电池后重3.5吨左右,相当于两辆小汽车的重量。快充电池12米的车重2吨左右,150千瓦时电以内就可以完成车辆每天的正常行驶和运行。

5. 电池寿命的问题

早期电池的质保时间3~4年,电动机2年,那时灌输的观点是电池是消耗品,别把电池跟发动机相比。后来微宏动力系统有限公司(以下简称微宏)提出5年、8年标准之后,倒逼很多电池厂也开始提供5年或8年的质保。从作用来讲,电池是非常重要的部件,是提供动力的;从价值来讲,电池的价值占了车辆价值非常大的一部分,所以我们认为电池应该与车辆是等寿命的。大部分单体电池的循环寿命是2000次,因为电池的均一性问题,电池成组循环寿命可能还会更低一点,基本没法实现与车辆的等寿命设计。快充电池万次循环寿命可实现与车辆的等寿命设计。同时,快充电池因为衰减比较慢,在车上报废以后,梯次利用价值非常高。8年质保和8年保用,这是不一样的概念。业内有客户讲保修不保用,传统车也有这样的问题。为什么很多人买进口发动机的车,不买国产发动机的车?因为质保都是那么多年,但是国产发动机的车保修并不保用。

6. 车辆利用率的问题

公交或者客运也是一种经营活动,离不开效率,包括人员效率、资金效率、设备效率、土地效率。车辆作为公交行业的主要生产工具，车辆利用率成为公交经营活动的一个重要指标。目前纯电动车的利用率普遍偏低，为弥补效率不足，只能增加车辆投入。快充车充电时间短，重庆、广东都可以做到与传统车1:1等数量的配置。

7. 成本问题

(1)购车成本。

因为慢充车辆利用率低，同等运力的情况下，需要更多的车辆，购置成本、分担下来的车辆折旧成本都比较高。快充车辆因为利用率比较高，可以实现与传统车1:1的配置。

(2)维护成本。

更多的车辆就带来更多的维护成本。

(3)管理成本。

许多地方车辆慢充需要移库，基本上是按照1:6的配置，6辆车配一个驾驶员，专门负责移库和充电，而且这个驾驶员还是最好的驾驶员，最有责任心、经验最丰富的驾驶员。因为充电需要密切关注，移库容易发生碰撞事故，所以需要最好的驾驶员去进行移库充电。快充模式不需要专人充电，都是驾驶员自己完成，因为充电时间很短。

(4)能耗成本。

慢充可以利用谷电，但是车辆自身比较重，单位电耗比较高，快充用谷电的比例比慢充低一点，但是一样也会用到谷电，加上使用平峰电，自重比较轻，单位里程的电耗就比较低。

(5)场站成本。

公交场站通常是租的，或者是政府协调，所以成本不好计算；但是政府是要计算成本的，政府肯定希望把土地集约化利用，越少利用越好。

8. 电池安全的问题

这是最值得关注的问题，其实是一个系统问题，包括正负材料的稳定性、隔膜的强度和耐温性、电解液的易燃性、Pack(电池箱)的防护措施以及BMS(电池管理系统)的管理水平。电池规范正常使用一般是不会发生太大的问题，过充过放往往是发生安全事故的最大问题。快充电池采用PVDF隔膜，具有更高的耐温性能和强度，采用更不易燃的电解液和硅油冷却技术，最大限度提高电池安全性。

三、快充运营案例

微宏快充的案例遍布6个国家，1万辆车，7亿公里里程，0起安全事故。

(1)佛山运行两年的快充示范项目,位于高架桥下,支持50辆车的首末站充电,加上充电场站、配电房2500平方米,平均每辆车占地50平方米。双枪3C充电,充电时间6~10分钟,桩车比1:9,单桩功率375千瓦,日均里程大于230公里,材耗成本2.46元/百公里,与LNG(液化天然气)车相比动力成本下降50%。

(2)重庆12米纯电动公交车,是累计运营时间最长(超过5年)没有换过电池的项目,目前衰减7%左右。

(3)英国伦敦双层公交车,历经9个月连续测试,微宏凭借优异性能,拿下近1000辆的订单。

(4)北京采用过慢充、换电等模式,2014年开始尝试快充路线,运营数据对比显示,快充优势明显。

四、电池性能与技术目标

不管是电池性能还是安全性,最终是由电池材料决定的;材料不提升,电池性能得到很大进步是绝对不可能的。电池最核心的部分就是正极材料、负极材料、隔膜和电解液,这四大化学材料的提升带来电池电学性能、寿命、充电倍率、安全性能各方面性能的提升。

电池的三个技术目标:一定要快充、长寿命、不能出现无预兆的自燃。

1. 电池安全

电池的着火目前看是不可避免的,目前制造业上从品质管理的角度来讲,品质最高的是6Σ水平,6Σ就是一百万个产品里边有3.4个不良产品,估计全球达到6Σ水平的不会超过100家。电芯制造质量缺陷率低至2PPM,特斯拉有8000个电芯,每10万辆车里面会有1600辆车存在不可预知的电池起火事故,这是世界顶级水平,基本上也是目前航空航天中顶级的工业水平。

电池的着火主要的原因在电解液,电解液起火占整个电池起火事故总量的70%。就像汽油车着火,大部分是汽油起火一样,电动车的着火主要就是电解液着火引起的。

2. 硅油浸没

即使电池发生着火,微宏把电芯浸泡在硅油里面,着火就不会蔓延开,电动车着火就不会不可控制。局部电池如果发生热失控,通过硅油冷却技术,可以使热量得到扩散,同时隔绝氧气,不会进一步燃烧。

动力电池的“优生”和“优育”

牛小波

宁德时代新能源科技股份有限公司　售后总监

一、CATL 简介

CATL 公司的电池销量在全球目前为止是第三，第一位是松下，第二位是比亚迪。我们的快充技术、电池的安全性，都是得到国际客户的认可，包括现在的合作公司：奔驰、大众、宝马以及苹果公司，其合作意向都已经选择了 CATL。几乎国内所有客车厂的电池都跟 CATL 有合作。CATL 在全球有服务工程师、服务代理商和库房（配件库）来保障电池的售后服务。CATL 今年正式推向市场的快充，它的前提是安全，保持 4C 充电，解决了电池不能长距离运行的问题。

二、E-BUS 用户的心声

客车涉及公路运输，现在的客户有这种“怕”（漏液、冒烟、起火、爆炸），也有这种“痛”（电桩少、充电慢、续驶里程不足、电价高、故障率高、使用成本高），但是又希望能够有这方面的“能”（人才选育、培训成长、人才蓄留）跟“用”（行车、存车、充车、养车、设备）。结合这四点，CATL 做了一个突破，也是对客车服务上的突破。

三、动力电池“优生”

动力电池“优生”的问题，现在国内有不少电池厂家，但是真正把电池做好的不多。2016 年上半年和 2015 年发生了很多着火事件，电池真正出现问题就是两点：第一，密封性。IP54 等级的密封肯定不行，要 IP67 等级。经过 2015 年上海暴雨、福州大暴雨，2016 年河南省的暴雨，证明我们的电池都是非常安全的，内部技术是一方面，另一方面就是密封技术要保障好。第二，电池材料。CATL 完全可以生产三元电池，但是我们在客车上只推广磷酸铁锂电池，因为三元电池着火以后，留给乘客逃跑的时间太短，而磷酸铁锂电池出现着火事故后，可以保证乘客有充足时间安全地逃出去。

四、动力电池“优育”

面对着火事故，重在防范，怎么防范？就是“优育”。一定要对电池做维护，不做维护，出了事情，再分析原因都是属于过后式了。市场现在发生的所有电池着火案例，都属于车辆维护不到位，导致一些零部件安装、再安装的时候不到位，发生着火。过充则属于操作上的问题。

在电池维护上，不但要保障好电池的质保服务，而且平时的日常维护服务也要跟得上，检查是否有线路老化、是否有漏水的情况，是否有各种问题，这些问题如果在平时不解决，出事的时候才来找就已经晚了。所以 CATL 在客户终端提供了维保服务，上海有明确的规定，一辆车的价格是带有维保服务费用的。因为国内公交车亏损比较多，所以做维护相对比较难，但是 CATL 也在承担日常维护的服务，费用是由 CATL 承担。发动机都有维护，电池为什么没有？这属于在电池行业发展中的空白点，给这个行业带来很大的问题，就是着火事故隐患。针对这些方面，CATL 有专门的维护手册，告诉终端客户——驾驶员，如何用好电池，如何充电，如何在要出问题的时候及时发现。

电池不怕用，现在包括电池厂家，宣传指导工作不到位，导致公交公司，包括客运公司对电池产生大量抱怨。CATL 做这些工作就是为了更好地保障车辆运行。新能源车辆的整个产业链上，CATL 承担了很大的社会责任，对产品、对服务要提供保障。关于电池寿命，CATL 提供 8 年质保服务，但是电池完全可以使用 20 年。质保结束后，电池还可进行梯次利用，即电池的二次利用。可以用在军工方面，甚至民生储能方面，可以利用谷电，电价便宜的时候把电充进去，电价高的时候再释放出来。

讨论发言

一、新能源公路客运应享受补贴

因为高铁、轻轨的出现,公路长途客运市场客流下滑明显,客运集中在300公里左右的中短途运输。但中短途客运市场应用新能源客车缺乏动力,原因在于购置补贴、运营补贴等补贴政策只倾向于公交,如果客运按照公交进行补贴,对推广肯定很有利,对环保也有帮助。

公路客运的市场规模应该比公交大,且对成本要求非常高,公路客运应该享受跟公交一样的购置补贴。城乡客运有购置补贴,最好也能享受电补。未来推动新能源城乡客运,高铁站分拨到各个地方,城市到城乡接合部、县到镇,特别6~8米是主力车型,再结合充电设施布局,完全可以替代传统车。无论是采购优势、运行优势,再加上电网的覆盖,只要基础设施支持,未来的潜力是非常大的。

客车企业开发产品,最主要是想跟客户一起去找产品的发展之路,但是探索了很长时间。公路新能源客车2013年年底开发出来,但是没有人接受,没有人用,新能源客车算全生命周期成本,成本收不回。如果除了购车补贴,能给运营补贴就更好。

二、新能源公路客运免高速公路通行费

考虑到各地方电价、油价不一样,算上基础设施投资建设,有些地方新能源车辆在高速公路上运营,可能成本5年都收不回来,因为高速公路通行成本非常高。如果公路客运车辆免高速公路通行费,把高速公路通行费的成本去掉以后,基本上客运车会在3

年左右把成本收回。

目前,节假日免小汽车高速公路通行费,所以纯电动公路客运车辆免收高速公路通行费是有可能性的,不仅是节假日,平时也可以免高速公路通行费。北京买新能源汽车不用摇号,也不用考虑限号,有的地方是免停车费,这些都是推动道路运输电动化非常好的方法。

三、电动车等级评定环节缺失

电动客车出厂还面临一个很大的问题,就是电动车等级评定问题。很多地方政府要求技术标准,而各地方政府要求的不一样,所以等级评定很多地方是有问题的。原来客车等级评定相关工作由城市公共交通协会承担,2008 年移交,现在移交给道路运输协会,目前这一部分内容有断档,没人评,新能源车现在就面临这个问题,但是道路运输协会很快会把这个问题对接上。

四、公路客运纯电动车型存在问题,考虑其他替代车型

公路客运转型以后,有了附加产业,小件快运对客运是非常好的补充。新能源车辆电池占用了大量的空间,并且电池的布局基本都在底部,也就是客运车辆行李舱的区域,而传统公路客运这一部分空间可放置旅客的行李,也可放置一定量的小件快运,以增加客运公司的收入。

总结发言

胡剑平
中国道路运输协会城市客运分会　副理事长

公路长途运输被高铁替代，这是一个不可抵挡的趋势。所以未来城乡客运、短距离的旅游客运、包车客运、旅游运输，是一个非常大的电动车应用领域。总的来说，新能源车现在的技术水平、产品和服务，仅仅能满足最低运营要求，现在直接拿新能源车和传统车比，也不是太公平，毕竟传统车已经发展了100多年，新能源车还是新生事物，有一些问题，还是要有一种包容、开放的心态，而且现在技术路线也都在探索，技术成熟度还没有达到完全能够商业应用的要求。

纯电动客车的技术路线应满足：

(1)少装电池，但是少装的前提是要满足最低运营需求；

(2)快速充电，这是客户的痛点。

充电设施制约了新能源车的发展，所以充电一定要方便。公交只要全市布充电走廊，随时可以充电。北京、上海、广州、深圳土地资源紧张，不占地要把充电站架起来，只有利用环路，或建在立交桥下。对传统电网最大的诟病就是不好看，但是架在楼板、桥面下面根本看不见，而且充一段就够了。现在在济南、武汉的充电线网，脱线的距离超过2/3，100公里只有30公里有线。

一定要考虑后补贴时代,真正推广新能源,就是不要补贴还可持续。例如 12 米的车就装 50 千瓦时的电池,按照 3000 ~ 4000 元/千瓦时,就是十几万元,8 万元电补足够了,而且单车重量大幅降低。电池装在车顶上,涉水深度将大幅提高。未来可持续化的电动车发展,是不能依赖政府和当地补贴而存在的。今后的补贴机制,建议补贴给终端用户,不要补贴给整车厂,而要补贴给公交企业,这样不存在骗补,公交企业大多数都是国有企业,没有骗补的必要;也避免了地方保护,货比三家,现在没有选择,如果都补贴给终端用户,整个市场将完全不同。

建议一:交通运输部对安全推广强制标准。

成都公交车燃烧事件之后,所有进入深圳的车进行了地方标准的强制推进。

(1)强制安装推拉窗。完全模拟全车着火的时候,整个疏散在 30 秒之内结束,要保证不死人,用安全锤根本不可能。从安全性上,新能源车必须强制安装推拉窗。

(2)电池包的标准。美国的校车要求把电池包放在火上烧,烧三个小时不爆炸。我们的要求不一定那么高,但是至少得烧十分钟不爆炸,给乘客逃生的时间。

建议二:交通运输部加强事后监管和负面清单。

有些违纪企业,发生多次燃烧事故、反复出现问题后依然堂而皇之地在卖新能源车,没有人受处罚,受害的是用户。按照美国的做法,要么大力度罚款,要么召回。例如,只要有十辆以上车发生燃烧事故就不能再进入这个行业,或者将车辆全部召回。一旦发现事故车辆超过一定的数量就列入负面清单等。

城市物流分会

发言专家

肖　晖

莎仁其其格

谢海明

李　斌

（按发言顺序收录）

武汉市快递业发展规划现状及新能源汽车在行业推广应用中的困局

肖　晖
武汉邮政管理局市场监管处　科长

一、武汉市物流业发展区位优势

1. 地理位置

武汉作为重要的交通枢纽城市之一,是快递物流的重要集散地。交通是影响物流业发展的最重要因素,物流业的发展依托于便利的交通运输环境。武汉的区位优势决定了其优越的交通运输环境,对于发展物流业具有先天优势。

2. 交通要塞

武汉是一个交通要塞,是全国重要的交通枢纽。在辐射"1+8"城市圈及周边地区,拓展与沿海发达地区、中西部重点城市及长江中游城市群"中三角"合作交流中,具有重要的区位交通组织优势。区位优势决定了武汉具备发展以城市为节点依托、以增量为发展目标的辐射型物流业条件。

二、物流业发展宏观政策环境支撑

武汉市各级政府高度重视并支持发展物流业，确立了武汉市在全国物流发展的重要地位，为武汉市发展物流业创造了优越的宏观政策环境。

1. 国家政策

国务院《物流业调整与振兴规划》文件中明确武汉是全国九大物流区域之一、十大物流通道中部地区南北物流通道和长江物流通道枢纽城市以及全国21个物流节点城市之一。2011年，武汉被商务部确定为流通领域现代物流示范城市。

2. 地方政策

湖北省出台了《物流业调整和振兴实施方案》，确定了武汉市在武汉物流圈及全省的战略地位，为武汉物流业加速发展提供良好的宏观环境。

三、快递物流园区规划建设情况

依托区位优势、交通条件以及政策支撑，武汉市大力发展现代物流业，按照“网状关系、圈层发展”的布局思路，在主城区发展物流总部，在主城边缘地区布局10个配送中心，在南部地区布局国际物流港，在四环线和外环线布局物流园和物流中心。

1. 天河空港综合物流园

园区位于武汉主城区北面，黄陂临空工业倍增示范区内，建立了国际货运、保税物流、现代航空物流为一体的服务全国、连接国际的空港综合物流园，规划园区总面积337.91公顷，其中物流仓储用地面积168.65公顷。园区重点发展国际物流、急救医药、医疗器械、高端电子、电子商务及快件快递等类型的物流业务，规划是通过铁路、公路和航空多种运输方式联运，其中以航空和公路运输为主。目前，有3家企业已经进驻或准备进驻快递园区。其中顺丰速运除了已在园区中建有陆运中心外，还在建设华中航空枢纽中心；百世快递通过租用场地方式进驻天河空港物流园区；湖北圆通在园区拥有自购场地，用于分拨中心建设。

2. 东西湖综合物流园

园区位于武汉主城区西面，东西湖工业倍增示范园内，规划面积951.52公顷，物流仓储用地333.74公顷。园区主要发展保税物流、电子商务及快递物流、铁路集装箱联运等,规划以铁路、公路、水运、航空多种方式联运为特点,其中以公路、铁路联运为主。园区目前是武汉市最大的物流园,进驻的快递企业也最多,现有入驻企业9家,分别是顺丰中转场、武汉圆通、湖北中通、武汉申通、湖北EMS、武汉速尔、武汉全峰以及杜邦分拨中心。

四、武汉市快递行业发展现状

1.2016年上半年整体情况

2016年上半年,武汉市快递行业累计业务量达到2.41亿件,同比增长56.32%;累计业务收入27.08亿元,同比增长47.11%;累计派件量达3.51亿件,同比增长149.69%。武汉市快递业务量和业务收入在湖北省的比重,占70%以上,全国排名第11位。

2.三年来快递业务收派增长情况

(1)收件量。

2013年武汉市收件量为1.61亿件,同比增长67.05%;2014年收件量为2.47亿件,同比增长53.29%;2015年收件量为3.78亿件,同比增长52.92%。

(2)投递量。

武汉市投递量相较于收件量增长更快。2013年武汉市投递量为1.09亿件,同比增长130.15%;2014年投递量为2.08亿件,同比增长90.68%;2015年,由于多家电商在武汉建仓,派件量激增,该年投递量为3.87亿件,同比增长134.44%。

(3)收派比。

2013年武汉市收件量和投递量收派比为1:0.68,2014年收派比为1:0.84,2015年收派比为1:1.29。

五、市内通行难及解决措施

1.市内通行难

三年来,武汉市快递业务均呈高速增长态势,尤其是投递量,2015年首次超过了收件量,增长率也远超收件量,收派比例逐渐拉大。2016年上半年,投递量已超过2015年全年投递量的70%。长期居高不下的投递量以及派件需求,依赖便利的交通环境以及交通政策来支撑。但是,武汉白天中心城区货车禁行,且于2014年10月1日之后,超标电动车不允许上路行驶。上述两条规定的出台,极大影响快件时效性。

2. 解决措施

(1)货车绿色通行证。

对于市内货车限行政策,武汉市邮政管理局不断跟市交通管理局协调,为快递企业争取办理货车绿色通行证的优惠政策,允许货车在某一时段进入市内。三年来,武汉市邮政管理局累计办理货车绿色通行证 739 张,续办 2168 张,其中为邮政、EMS 办理 140 张全天候通行证。

(2)特殊行业电动车通行证。

自 2014 年起,武汉市对电动车实行禁行,对投递快件造成很大影响。经过武汉市邮政管理局与市政府一系列的沟通协调,为快递行业的超标电动车争取到一定的优惠政策,允许办理特殊行业电动车通行证。至今已累计办理特殊行业电动车通行证 21168 张,但 2016 年交通管理局叫停办理电动车通行证,现存通行证仅 8151 张。

(3)遗留问题。

武汉市快递行业货车数量已达 4298 辆,通行证仅 710 张,有通行证的车辆不到行业总数的 20%,而且货车通行证并非可全天通行和全市通行,高峰期及部分重要路段仍然限行。但快递行业为了保证服务时效,即使是限行时段禁行路段也需要进行通行,这就造成快递企业车辆违章较多,每年处理违章花费巨大,造成企业运营成本直线上升。为此,经过邮政管理局和交通管理局的协商出台了《关于商请邮政运输车辆高峰通行违章免予扣分处理的函》,对于高峰时段一定要通行的车辆免予扣分处理,但仍需缴纳罚款。武汉市交通管理局计划针对电动车出行推出新政策,但政策迟迟未落地,仍沿用之前办理的特殊行业电动车通行证,特别是 2016 年起,交通管理局不再办理新的电动车通行证,导致很多新进入行业的超标电动车无证行驶,快件无法及时投递,投诉增加,同时快递网点营业成本也相应增加,负担加重。

六、新能源汽车前期政策

武汉市政府对新能源汽车的推广应用工作非常重视。2014 年,市政府出台《关于鼓励新能源汽车推广应用示范若干政策的通知》。通知规定:第一,单位及个人购买使用新能源汽车,按照国家补贴标准 1:1 给予地方配套补贴,国家和地方财政补贴总额不超过车辆销售价格的 60%;第二,免征车船税有关政策,免收新能源汽车城市道路桥梁隧道车辆通行费;第三,新能源汽车免费在指定的公共充电设施场所充电;第四,新能源汽车在市内行驶时不受尾号限制,对从事城市配送的新能源物流车辆发放通行证,三环线内按照核定线路通行。

七、新能源汽车应用现状

1. 新能源汽车应用范围及 EMS 使用体验

（1）新能源汽车应用范围。

截至目前，仅 EMS 向“左中右”汽车租赁公司租赁了 69 辆新能源汽车，型号为吉利微型汽车，另向东风汽车公司租赁新能源汽车 80 辆，总共 149 辆新能源电动汽车用于终端揽收投递，占 EMS 投递车辆的 57%。

（2）EMS 新能源汽车使用体验。

一是节省运营成本，运营成本降低了 30% ~40%；二是改善投递员作业环境，使投递员免受日晒雨淋，作业环境相对电动自行车来说有了较大的改善；三是为快递提供安全保障，武汉市不允许电动三轮车通行，均用电动自行车投递，而电动自行车后没有带锁的箱子，如果投递员进行派件，很多时候不能保证快件的安全，经常有偷盗快件的情况发生，使用新能源车之后就不存在这一问题，能有效避免快件偷盗问题。

2. 快递企业未投入使用新能源汽车的原因

除 EMS 外，其余的快递企业均未使用新能源汽车。武汉市邮政管理局对此进行调研，根据快递企业反映，主要原因包括：第一，电池续驶里程不能满足运派需要；第二，充电配套设施建设进度较为滞后。

八、新能源汽车推广困局

武汉市邮政管理局通过分析梳理综合调研情况，发现武汉市快递行业推广应用新能源汽车还存在困局。

1. 车辆技术与配套设施不够完善

目前新能源车辆充电时间较长、使用寿命较短，电池性能还不够稳定；充电桩、换电站等配套设施建设尚不健全，新能源汽车充电存在困难，无法满足快速揽投、转运邮件的实际需求。

2. 相关的政策标准还有待明确

超出使用年限的动力电池可否有偿回收、新能源汽车标准体系和技术规范尚未健全、外地生产的新能源车辆能否享受价格补贴和上牌便捷等政策标准还有待明确，大部分快递企业仍处于继续观望状态。

九、新能源汽车应用建议

无论是干线运输还是最后一公里配送，交通运输工具对快递行业的发展都起着基础性作用。电动汽车外形较灵巧，使用成本相对较低，长远来看其与快递行业结合，会实现新能源汽车行业与快递行业的双赢。但目前新能源汽车大规模运用于快递行业的条件尚不成熟。

1. 新能源汽车方面

对于新能源汽车生产厂商而言，核心任务是要提高车辆的续驶能力以及载重能力，这两方面是快递行业车辆使用的基础；其次要大力发展充电桩等基础设施的建设。如果新能源汽车生产企业能够根据快递行业的发展需求提供定制化服务，改善车辆续驶能力和载重能力，并大力发展充电基础设施建设，电动汽车与快递行业定将实现双赢。

2. 配套政策方面

对于政府管理部门而言，要尽快出台并落实鼓励政策，避免旧政策到期，新政策未定，导致企业观望、举棋不定的情况发生。另外需要加大补贴力度，例如税费减免或购买支持政策等。针对进入物流行业的新能源车辆，应注重给予更优惠的通行政策，比如考虑到快递行业的特殊性，在前期免收过桥费、无单双号限制、发放绿色通行证等政策下，绿色通行证可改成全天绿色通行证，不受时间和路段影响。

城市配送领域电动汽车的应用探索

莎仁其其格

普天新能源有限责任公司　运营部副总经理

一、城市配送领域采用电动车的适用性分析

1. 城市配送领域对交通工具的需求分析

城市内物流配送，最需要解决的问题有三点。第一，道路通行权。第二，城市区域进入许可。第三，满足配送需求的同时，需改善派送员的工作环境。

2. 新能源汽车行业进入快速发展的上升期

2015 年是中国新能源汽车规模化发展的元年。根据工业和信息化部数据，2015 年，我国新能源汽车累计生产 37.9 万辆，跃居全球第一，新能源汽车比例已超过汽车总量的 1%，产业进入生命周期的成长期，呈现出快速发展的特征。

3. 享受优惠政策的推广范围不断扩大

我国从 2009 年开始“十城千辆工程”，到 88 个示范城市，再到全国普惠制推广，企业享受到诸多利好政策。近几年，国家十分注重基础设施的发展，提出“适度超前，有序建设”的原则，着眼于电动汽车未来发展，结合不同领域、不同层次的充电需求，按照“桩站先行”的要求，根据规划确定的规模和布局，分类有序推进建设，确保建设规模适度超前。

4. 新能源汽车发展总体目标

到2020年，计划新增集中式充换电站超过1.2万座，分散式充电桩超过480万个，满足全国500万辆电动汽车充电需求。全国电动汽车保有量将超过500万辆，其中，电动公交车超过20万辆，电动出租汽车超过30万辆，电动环卫、物流等专用车超过20万辆，电动公务与私人乘用车超过430万辆。全国计划建设3850座公交车充换电站，2500座出租汽车充换电站，2450座环卫物流等专用车充电站，480万个分散式充电桩。

二、中国普天在城市配送领域的探索

1. 从服务用户角度需解决四点问题

（1）解决用户使用新能源物流车能源补给及业务模式问题。

（2）解决用户担忧的车辆技术和安全问题。

大型物流公司对传统燃油汽车比较青睐，各公司均有专门部门对汽车进行技术保障，而电动车是新兴领域，除非专门设立团队负责研究，否则需要很大的精力和时间解决发生的故障问题。

（3）解决用户在新行业高风险下融资成本偏高的问题。

用户比较担心电动车的电池性能达不行业标准或者后期无法兑现车辆性能上的承诺。

（4）解决用户和现有车辆租赁公司因缺乏新能源车专业知识和网络投入谨慎的问题。

在北京，大部分租赁公司没有建设和普及充电网络的能力，对电动车的了解也相对较少，但可以借助于普天新能源现有的城市充电网络运营自身的电动汽车。

2. 多种业务模式满足用户多元化需求

在服务客户的过程中，普天新能源针对全款购车客户、分期付款客户和经营性租赁/租售客户，制定了不同的服务模式（图1），以契合不同客户的实际业务需求。

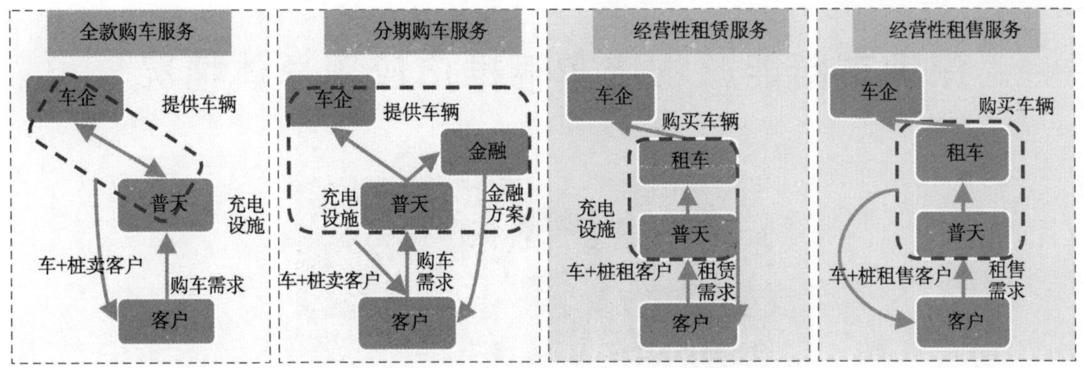

图1　普天新能源业务模式

三、服务经验与建议

1. 设置新能源物流车审批绿色通道

三轮车装货上路违反《中华人民共和国道路交通安全法》，短期许可牌照的发放对很多企业的良性发展不利，为了加快新能源汽车取代三轮车的步伐，可以为其设置专门的审批手续和绿色通道。

2. 设置规范的作业区

在道路通行权方面可以设置规范的作业区。城市的交通管理并不是禁止车辆上路，而是要在规定的区域、规定的线路内控制和管理车辆行驶。跟民航的客户合作时，在智能平台上新增加区域报警功能，当车辆超过区域界限时报警提示。对于快递领域的管理，值得借鉴。大部分快递公司都有自己的运营线路和网点，可以通过后台划定作业区，既能保证电动车有更多的路权，又不影响城市交通的秩序。

3. “骗补”行为危害大

“骗补”有两方面的不良影响。一方面，使用户形成既定的低价概念，影响电动汽车市场的正常发展。另一方面，集中推广导致性能问题爆发性增长，给用户带来电动汽车技术不成熟的印象。对于电动汽车行业，这两方面都是致命性的打击。希望有关部门在营运车辆电动化方面能够有针对性地制定补贴政策，国家不仅要查处“骗补”，同时还应监管车辆售后利用状况。

深圳市新能源物流车辆推广应用总体情况

谢海明
深圳市陆港新能源物流车辆应用推广中心　主任

一、深圳市新能源物流车辆推广应用模式

1. 推动深圳政府落实新能源物流车辆相关政策

深圳市政府先后落实了多项新能源物流车辆推广应用政策，主要包括：为新能源车办理《道路运输证》提供绿色通道、电动物流车单日首小时免费优惠、新能源物流车全天候/全路段通行优惠政策、纯电动物流车电子标签及违章记录消除以及深圳市绿色货运新能源车运行监控公共服务平台建设等。

2. 深圳新能源物流车推广应用情况

截至2016年6月，深圳市共推广纯电动物流车9112辆（以车辆在公安交管部门登记上牌为准），其中2016年新增数量为842辆，目前已运营车辆数超过4100辆。

3. 下一步工作计划

推动出台对城市配送燃油货车的限增、限行政策，推动在城市配送使用环节给新能源物流车辆提供额外补贴，构建深圳市新能源物流车辆绿色车队（目标是2020年形成20000辆的使用规模），基于"深圳市绿色货运新能源车运行监控公共服务平台"建立深圳统一的运维服务共享平台和运力共享平台，推动保险业、金融业率先在深圳推行针对新能源物流车辆的保险服务和金融服务，开展"千车千桩"绿色试点项目，通过统一平台，协调和组织新能源物流车车企、物流企业、充电桩企业参与进行共同运营维护。

二、新能源物流车的实际使用效果

1. 纯电动车续驶里程较短

统计数据显示，2015年上牌的纯电动汽车在半载情况下，实际续驶里程一般在110～130公里，2016年部分车型能达到150公里以上。

2. 电动汽车动力性能弱

深圳在纯电动物流车前期使用过程中出现过几次事故，车辆爬坡能力差，需腾空车道，车辆"助跑"才能上坡。另外，有效载重性能不强，目前纯电动物流车（厢式货车）载重能力主要集中在600～800千克，同类型传统燃油车载重能达到1.2～1.5吨。

3. 电动汽车故障率高

根据调查，品质较好的车辆，月故障率大约为5%，品质较差的车月故障率能达到60%，与传统燃油车相比故障率明显偏高。

4. 电池衰减严重

按照规定要求新能源营运车辆动力电池全生命周期为5年或者20万公里，衰减量不能超过20%。但据调查发现，某品牌的个别车辆一年衰减量就达到30%以上。

5. 电池循环次数低

动力电池的包封形式主要分硬壳、软包、圆柱形三种，各有优劣。其中，硬壳动力电池安全性高，循环寿命可达4000次以上，成本较高；软包动力电池安全性一般，循环寿命达2000次，成本居中；圆柱形动力电池安全性一般，循环寿命达最高只能达到1500次，成本最低。但是，终端用户在购车环节中不了解动力电池实际循环次数。目前很多电池的实际循环次数仅为800～1000次，如果使用快充桩，使用电池寿命会大幅降低。循环次数800～1000次意味着，假设一天充电1.5次，那么大概两年多时间电池就报废了。关于全生命周期5年或者20万公里的质保要求，两年以后车辆问题就会集中爆发出来。

三、新能源物流车辆运营数据统计分析

1. 产量及渗透率预测

根据其他专业机构对2014—2020年中国纯电动物流车产量及渗透率预测研究，2016年上半年纯电动物流车订单数量已经超过7万辆，全年乐观估计产量大约为10万辆，但是受补贴政策和“骗补”的影响，所有车企都在观望中，尚未开始批量出货。2016—2020年，未来几年地方政策陆续出台，产品质量也逐渐提升，纯电动物流车是继中小型纯电动客车之后又一快速增长领域。

2. 车辆行驶里程和充电时间

根据前段时间对深圳市一些车辆的调查分析，纯电动物流车基本上以4.2米的厢式货车为主，还有轻型客车和轻型货车。4.2米厢式货车每个月行驶里程大约为3000公里，每百公里耗电55千瓦时；轻型客车行驶里程为2030公里，每百公里耗电27千瓦时；轻型货车行驶里程为2075公里，每百公里耗电26千瓦时。

3. 车辆行驶里程分布

根据对于车辆行驶里程分布区间的统计分析，轻型客车的行驶里程集中在80～100公里之间，4.2米厢式货车的行驶里程集中在100～140公里之间，超过200公里的比例很小。与2015年纯电动物流车每天充一次电的续驶里程比较接近，根据终端用户使用习惯，充一次电行驶一天，那么行驶里程基本上为120公里/天。终端用户交通运输的组织方案会适配到纯电动车的性能上。原来大部分传统燃油车日均行驶里程为75～80公里，使用纯电动车以后，日均行驶里程提高到120公里左右。

4. 车辆维护情况

平均每辆纯电动物流车的故障率较低的为0.2次/月，较高的为2～3次/月；故障类型主要有无法制动、电池进水、充不了电、电动机及空调故障、绝缘保护、打气泵故障等；维修时长涉及从业人员的专业水平，维修的时长从2小时到7天不等。据了解，车在路上出了问题以后，不同维修人员给出的检查结果也不同，在故障诊断与维修能力上还极度欠缺。关于维护周期，每个企业的维护周期是不同的，有5000公里/次的，有1个月、4个月、10个月一次的；维护费用方面，轻型客车A保500元/次，B保360元/次，4.2米厢式货车A保700元/次，B保550元/次。

综上所述，纯电动物流车与传统燃油车相比还不太成熟。

四、运营过程中遇到的问题和困难

1. 充电桩的问题

(1)充电难。

现在很多城市限制物流车的运输路线,物流企业会根据线路条件规划行驶路线,而充电场站大部分是服务小客车与大型公交车,因为路线的限制很多充电桩都不能为物流车服务。

(2)建桩受阻。

在物流园区建桩,物业不配合。

(3)服务兼容性差。

以深圳为例,现有充电桩运营资格的企业 20 余家,推出的充电卡有十几种且不兼容。

2. 充电费用问题

目前,由于纯电物流车的主要充电时间享受不到大工业用电电价,因此纯电动物流车用电成本高于燃油车用油成本。

3. 补贴问题

目前使用环节的补贴和建设充电桩的补贴尚不明确,且物流企业自己建桩没有补贴,只有公共场站建桩才有补贴。这在一定程度上降低了物流企业使用新能源物流车的积极性。

4. 驾驶证问题

目前深圳市道路行驶的纯电动物流车车型以 4.2 米厢式货车为主,由于电池重量原因,该型号纯电动物流车的总质量大于4.5 吨,需要 B 类驾驶证驾驶员驾驶,而市场上各企业内拥有 B 类驾驶证的驾驶员严重缺乏,数量无法满足需求。

5. 保险问题

缺乏专用条款,目前市场上还缺乏对新能源汽车关键零部件电池进行风险保障的保险产品,并且车辆保险按车辆补贴前价格缴纳,造成保险费用居高不下。

6. 信息不共享

不同品牌的车充电桩之间信息不共享，没有发挥信息资源的优势，导致运行效率低下，同时给用户的使用带来不便。以充电为例，各运营商都有自己的应用软件，导致用户如果要随处及时充电，需要安装好几个不同的 APP。

五、传统燃油车与纯电动物流车的燃料成本对比

深圳管理的绿色车队补贴，周期大概为 3 年，每年给予车辆 1 万～3 万元补贴。对 4.2 米的厢式货车的运营成本进行测算，每百公里耗电量，东风凯普特为 61.7 千瓦时，这个车享受不到大工业用电电价，用电成本是每千瓦时 1.5 元再加上 0.45 元的服务费，接近 2 元/千瓦时。每年按照东风凯普特 N300（柴油版）运输里程计算，柴油版的燃料成本是 38292 元，电动版的燃料成本高达 65872 元。若电价能从 1.5 元降到 0.6 元，4.2 米的纯电动物流车的年燃料成本才会低于传统燃油车的年燃料成本（图 1）。但充电服务费与电费的总价基本上跟燃油车是持平的，用电成本优势不明显。

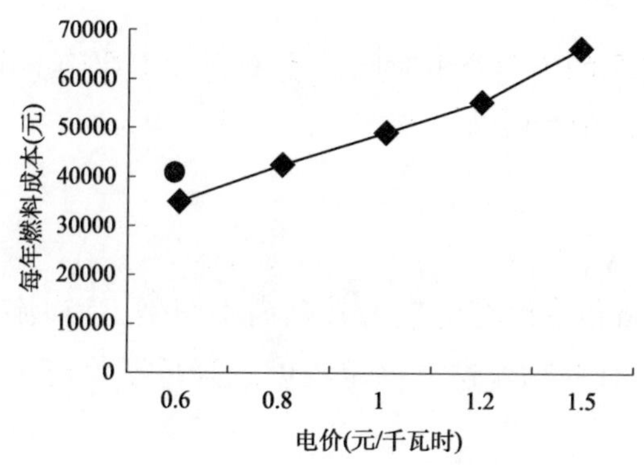

图 1　传统燃油车与纯电动物流车的燃料成本对比

注：圆点表示传统燃油车的年燃料成本，方框表示纯电动物流车的年燃料成本。

六、新能源物流车的优惠政策需求和政策建议

（1）高速公路充电桩补贴政策。

目前快充桩的电压等级在 30～120 千伏，建议服务区按照 60 千伏建设。目前高速公路服务区的变压器在初期投资建设的时候是按照 500、630、800 千伏安建设的，不能满足需求，而增加或更改设备会导致充电桩运营公司经营压力增加，希望高速公路管理部门能给予一些额外的充电桩补贴。

（2）高速公路的收费优惠政策。

以广东省为例，广东省采取计重收费，电池重量基本上 10 千克/千瓦时，50 千瓦时

电池重量在500千克以上，这部分费用由用户支付，建议对纯电动物流车高速公路上的收费制定优惠政策。

（3）扩展空间建设充电桩。

开放高架桥桥下空间建桩，在靠近城区的高架桥下开放空间允许建设充电桩，例如北京、上海、广州、深圳等用地非常紧张的地方，如果把这部分空间开放出来，至少纯电动物流车可以解决充电问题。

（4）新能源货运车辆租赁业务合法化。

根据《中华人民共和国道路运输条例》第33条规定，纯电动物流车出租以后运营是违法的。但目前车辆前期购置成本很高，物流企业不愿意因买车而承担资金压力，大部分采取租赁方式，但是租赁是不合法的，建议出台政策予以合法化。

（5）简化办证手续，降低企业成本。

目前，新能源物流车需要办理营运证、道路运输许可证，包括一车一驾驶员的备案规定，手续烦琐，也给企业增加运营成本。

（6）交通运输部主导建立新能源运输监控信息中心。

目前尚没有全国性的针对纯电动物流车的信息监控系统，交通运输部应主导新能源综合运输监控信息系统建设，在新能源物流车大范围推广应用的初期，做好层级规划，加强顶层设计。

（7）希望加强产品检测并实时发布数据报告，指导用户进行产品选型。

讨 论 发 言

一、新能源物流车的产品质量是发展基石

城市新能源物流配送车辆不是盲目的里程越大越好，需要不断改进车辆质量，加大纵向研究力度，不断提升产品的质量稳定性，同时，注重不断优化百公里耗电水平，走轻量化路线，使用更高效的电池。

二、货运通行证办理急需破局

每个居民每天的生活物流需求量是刚性的，根据在中国 317 个城市的调研，限行的政策制造了很尖锐的矛盾，城市刚性物流需求下配送车限行，导致了诸多问题，以北京为例，北京客货运输车总量达到 20 万辆以上，用什么车来替代呢？

如果用金杯车替代，数量应该有 25 万辆左右，而其单车价格为 5 万 ~6 万元，运营一年的租金完全能收回购车成本。但这就造成了客货混装，因为这种车辆拿着小客车的牌，不限行，不受货运车辆相关的检查，对城市货运市场是一种不公平的现象。如果用新能源货车替代，我们能做到租金 2500 ~3000 元/月，但根本就没有人租，什么原因呢？按理说国家鼓励新能源车，使用租金又比金杯车便宜，应该推广的很顺利，这是因为这种新能源货车上路就会被罚 3 分、100 元。

相关部门允许车辆上物流牌照，但不办理货车运营证，对新能源物流车没有起到很好的引导作用。新能源物流车找不到合适的出路，闲置停车场，对于国家也是财产损失，可以根据深圳的探索，尝试采取绿色通行证。

三、新能源物流车的推广需从租赁开始

在车辆产品未成熟、运营网络不健全、基础设施布设未全覆盖时，我们提出用租赁的模式来解决这些问题。顺丰、京东这类大型的公司，从 2014 年开始示范性运营，到目前为止接受的还是租赁方式。从城市物流需求的角度来说，仅早晚各用一次车，也是采用租赁方式。新能源物流车租赁是未来的发展趋势，租赁市场有很大的前景，一个城市可能有 10 万辆货车的需求，但租赁模式可能只需要 3 万 ~5 万辆就可以满足实际需求，借助目前已比较完善的信息化手段，政府可以很好地实现对车辆和货物的监管。

四、根据物流业特点实行停车优惠政策

城市物流配送业务有卸货、取货的需求，可以对相应车型设置一小时或半小时的停车优惠政策。

总结发言

李 斌

交通运输部公路科学研究院 ITS 中心主任

历史上很多新产品和新技术,出来时候可能很美好,但是未必马上就能被市场接受。比如液晶,这个技术现在普及了,但是当美国人 20 世纪 60 年代刚发明时,想要应用于电视,那时候电视还都是 CRP 的,液晶电视不被市场接受,所以美国把这个技术卖给了日本。日本明白一开始将液晶投放电视不现实,于是就把液晶用作电子表和计算机的显示器,就这样度过了 20 多年,然后再将液晶推向电视机市场就成功了。同样,电动汽车很好,但毕竟是一个新事物,讲得太理想可能有问题,需要适当降降档次,就跟无人驾驶一样,从辅助驾驶慢慢进入市场,帮助驾驶员操作,这样才有可能逐渐实现无人驾驶。